混凝土和钢筋混凝土工程探索

尚 峰 袁 伟 赵永亮◎著

 吉林科学技术出版社

图书在版编目（CIP）数据

混凝土和钢筋混凝土工程探索／尚峰，袁伟，赵永
亮著. -- 长春：吉林科学技术出版社，2024. 8.
ISBN 978-7-5744-1788-5

Ⅰ. TU755

中国国家版本馆 CIP 数据核字第 2024182MQ5 号

混凝土和钢筋混凝土工程探索

著	尚　峰　袁　伟　赵永亮
出 版 人	宛　霞
责任编辑	赵海娇
封面设计	金熙腾达
制　　版	金熙腾达
幅面尺寸	170mm×240mm
开　　本	16
字　　数	235 千字
印　　张	15
印　　数	1~1500 册
版　　次	2024年8月第1版
印　　次	2024年12月第1次印刷

出　　版	吉林科学技术出版社
发　　行	吉林科学技术出版社
地　　址	长春市福祉大路5788号出版大厦A座
邮　　编	130118
发行部电话/传真	0431-81629529 81629530 81629531
	81629532 81629533 81629534
储运部电话	0431-86059116
编辑部电话	0431-81629510
印　　刷	三河市嵩川印刷有限公司

书　　号	ISBN 978-7-5744-1788-5
定　　价	90.00元

前　言

在人类文明的发展史上，建筑技术的进步始终扮演着至关重要的角色。自古至今，建筑结构的设计和施工方法不断革新，推动着社会的发展和人类居住环境的改善。混凝土和钢筋混凝土工程作为现代建筑的基石，其探索和应用不仅体现了工程技术的飞跃，更是人类智慧与自然材料结合的典范。随着科技的不断进步，混凝土和钢筋混凝土工程也在不断发展和完善。从最初的现场搅拌和手工施工，到现代化的预制构件和自动化生产，再到智能建造和绿色建筑的兴起，每一次技术的革新都在推动着工程质量的提升和建筑行业的可持续发展。

本书是一本关于混凝土和钢筋混凝土工程方面研究的书籍。全书首先对混凝土工程基础理论进行简要概述，介绍了混凝土的组成材料、混凝土的主要性质、预拌混凝土企业试验室管理等；其次对混凝土工程施工的相关问题进行梳理和分析，包括混凝土的配料、制备、运输、浇筑、养护及质量验收等；最后在钢筋混凝土工程方面进行探讨。本书论述严谨，结构合理，条理清晰，其不仅能够为混凝土学提供一定的理论知识，还能为当前钢筋混凝土工程施工相关理论的深入研究提供借鉴。

在创作本书的过程中，我们得到了很多宝贵的建议，谨在此表示感谢。同时参阅了大量的相关著作和文献，在参考文献中未能一一列出，在此向相关著作和文献的作者表示诚挚的感谢和敬意，同时也请读者对写作工作中的不周之处予以谅解。由于作者水平有限，时间仓促，书中存在的疏漏不妥之处，恳请专家、同行不吝批评指正。

目 录

第一章 混凝土工程基础 ·· 1

　　第一节 混凝土组成材料 ··· 1

　　第二节 混凝土的主要性质 ······································ 26

　　第三节 预拌混凝土企业试验室管理 ····························· 40

第二章 混凝土工程施工 ·· 47

　　第一节 混凝土的配料和制备 ···································· 47

　　第二节 混凝土的运输与浇筑 ···································· 55

　　第三节 混凝土的养护及质量验收 ································ 65

第三章 混凝土特殊施工工艺 ··· 79

　　第一节 泵送混凝土施工 ·· 79

　　第二节 喷射混凝土施工 ·· 86

　　第三节 水下混凝土施工 ·· 90

　　第四节 混凝土的其他特殊施工工艺 ····························· 96

第四章 钢筋混凝土柱、墙工程 ······································ 107

　　第一节 混凝土柱施工设计 ······································ 107

　　第二节 柱钢筋绑扎与柱模板安装 ································ 111

　　第三节 柱混凝土浇筑 ·· 116

　　第四节 钢筋混凝土墙的安装与浇筑 ····························· 122

第五章　钢筋混凝土梁、板工程 ·········· 133

　　第一节　板钢筋构造与加工 ·········· 133

　　第二节　模板支架的搭设 ·········· 139

　　第三节　楼板模板的制作安装 ·········· 147

　　第四节　板（梁）的混凝土浇筑 ·········· 150

第六章　高层钢筋混凝土工程 ·········· 158

　　第一节　高层建筑垂直运输 ·········· 158

　　第二节　高层建筑模板施工 ·········· 174

　　第三节　高层建筑钢筋施工 ·········· 185

　　第四节　高层建筑混凝土浇筑 ·········· 191

第七章　装配式混凝土结构工程 ·········· 199

　　第一节　装配式混凝土结构工程的施工前准备 ·········· 199

　　第二节　预制混凝土竖向受力构件的现场施工 ·········· 207

　　第三节　装配式混凝土结构的质量控制与验收 ·········· 215

参考文献 ·········· 230

第一章 混凝土工程基础

第一节 混凝土组成材料

一、水泥

水泥是加水拌和成的塑性浆体，能胶结砂石等材料，并能在空气和水中硬化的粉状水硬性胶凝材料。按所含化学成分的不同，可分为硅酸盐系水泥、铝酸盐系水泥、硫铝酸盐系水泥及铁铝酸盐系水泥等，其中以硅酸盐系水泥应用最广；按水泥的用途及性能，可分为通用水泥、专用水泥与特种水泥三类。

（一）硅酸盐水泥

根据现行国家标准《通用硅酸盐水泥》（GB 175—2023）的规定，以硅酸盐水泥熟料和适量的石膏及规定的混合材料制成的水硬性胶凝材料，都称为硅酸盐水泥（国外通称的波特兰水泥）。硅酸盐水泥可分为两种类型：不掺加混合材料的称Ⅰ型硅酸盐水泥，代号P·Ⅰ；在硅酸盐水泥熟料粉磨时掺加不超过水泥质量5%的石灰石或粒化高炉矿渣混合材料的称Ⅱ型硅酸盐水泥，代号P·Ⅱ。

1. 硅酸盐水泥的原料及生产

硅酸盐水泥的原料主要是石灰质原料和黏土质原料。石灰质原料有石灰石、白垩等，主要提供 CaO；黏土质原料有黏土、黄土、页岩等，主要提供 SiO_2、Al_2O_3、Fe_2O_3。原料配合比例的确定，应满足原料中氧化钙含量占 75%~78%，氧化硅、氧化铝及氧化铁含量占 22%~25%。为满足上述各矿物含量要求，原料中常加入富含某种矿物成分的辅助原料，如铁矿石、砂岩等，来校正二氧化硅、氧化铁的不足。此外，为改善水泥的烧成性能或使用性能，有时还可掺加少量的添加剂（如萤石等）。

硅酸盐水泥的生产过程主要分为制备生料、煅烧熟料、粉磨水泥三个阶段，该生产工艺过程可概括为"两磨一烧"。生产水泥时首先将几种原料按适当比例混合后磨细，制成生料。然后将生料入窑进行高温煅烧，得到以硅酸钙为主要成分的水泥熟料。熟料和适量的石膏，或再加入少量的石灰石或粒化高炉矿渣共同在球磨机中研磨成细粉，即可得到硅酸盐水泥。

按生料制备方法不同可分为湿法和干法。由于干法比湿法产量高，且节省能源，是目前水泥生产的常用方法。

2. 硅酸盐水泥熟料的矿物组成及其特性

以适当成分的生料，煅烧至部分熔融而得到的以硅酸钙为主要成分的物质称为硅酸盐水泥熟料。硅酸盐水泥熟料主要由四种矿物组成，其名称和含量范围见表 1-1。

表 1-1　水泥熟料的主要矿物组成及含量

矿物成分名称	基本化学组成	矿物简称	一般含量范围
硅酸三钙	$3CaO \cdot SiO_2$	C_3S	37% ~ 60%
硅酸二钙	$2CaO \cdot SiO_2$	C_2S	15% ~ 37%
铝酸三钙	$3CaO \cdot Al_2O_3$	C_3A	7% ~ 15%
铁铝酸四钙	$4CaO \cdot Al_2O_2 \cdot Fe_2O_3$	C_4AF	10% ~ 18%

在硅酸盐水泥熟料的 4 种矿物组成中，C_3S 和 C_2S 的含量为 75% ~ 82%，C_3A 和 C_4AF 的含量仅为 18% ~ 25%。除以上 4 种主要矿物成分外，水泥熟料中还含有少量的 SO_3、游离 CaO、游离 MgO 和碱（K_2O、Na_2O），这些成分均为有害成分，国家标准对其含量有严格限制。

不同的矿物成分单独与水作用时，在水化速度、放热量及强度等方面都表现出不同的特性。4 种主要矿物成分单独与水作用的主要特性如下：

C_3S 的水化速率较快，水化热较大，且主要在早期放出。强度最高，且能不断得到增长，是决定水泥强度等级高低的最主要矿物。

C_2S 的水化速率最慢，水化热最小，且主要在后期放出。早期强度不高，但后期强度增长率较高，是保证水泥后期强度增长的主要矿物。

C_3A 的水化速率极快，水化热最大，且主要在早期放出，硬化时体积减缩也最大。早期强度增长率很快，但强度不高，而且以后几乎不再增长，甚至降低。

C_4AF 的水化速率较快，仅次于 C_3A。水化热中等，强度较低。脆性比其他矿物小，当含量增多时，有助于水泥抗拉强度的提高。

由上述可知，几种矿物质成分的性质不同，改变它们在熟料中的相对含量，水泥的技术性质也随之改变。例如提高 C_3S 含量，可制成高强度水泥，降低 C_3A 和 C_3S 含量，可制成低热或中热硅酸盐水泥。水泥熟料的组成成分及各组分的比例是影响硅酸盐系水泥性能的最主要因素。因此，掌握硅酸盐水泥熟料中各矿物成分的含量及特性，就可以大致了解该水泥的性能特点。

3. 硅酸盐水泥的水化和凝结硬化

（1）硅酸盐水泥的水化作用

硅酸盐水泥加水后，熟料中各种矿物与水作用，生成一系列新的化合物，称为水化。生成的新化合物称为水化生成物。如果忽略一些次要的成分，则硅酸盐水泥与水作用后生成的主要水化产物为水化硅酸钙和水化铁酸钙凝胶、氢氧化钙、水化铝酸钙和水化硫铝酸钙晶体。在完全水化的水泥石构成成分中，水化硅酸钙约占70%，氢氧化钙约占20%，钙矾石和单硫型水化铝酸钙约占7%。若混合材料较多时，还可能有相当数量的其他硅酸盐凝胶。

从硅酸盐系水泥的水化、凝结与硬化过程来看，水泥水化反应的放热量较大，放热周期也较长；但大部分（50%以上）热量集中在前3 d以内，主要表现为凝结硬化初期的放热量最为明显。显然，水泥水化热的多少及放热速率的大小主要决定于水泥熟料的矿物组成及混合材料的多少。当其中 C_3A 含量较高时，水泥在凝结硬化初期的水化热与水化速率较大，从而表现出凝结与硬化速度较快；而 C_2S 含量较高或混合材料较多时，则水泥在凝结硬化初期的水化热和水化放热速率较小，从而也表现出凝结与硬化速度较慢。

（2）硅酸盐水泥的凝结硬化

硅酸盐水泥加水拌和后，最初形成具有可塑性的浆体，然后逐渐变稠失去塑性，这一过程称为初凝，开始具有强度时称为终凝，由初凝到终凝的过程为凝结。终凝后强度逐渐提高，并变成坚固的石状物体——水泥石，这一过程为硬化。水泥凝结硬化的具体过程一般如下：

水泥加水拌和后，水泥颗粒分散于水中，成为水泥浆体。水泥的水化反应首先在水泥颗粒表面进行，生成的水化产物立即溶于水中。这时，水泥颗粒又暴露出一层新的表面，水化反应继续进行。由于各种水化产物溶解度很小，水化产物的生成速度大于水化产物向溶液中扩散速度，所以很快使水泥颗粒周围液相中的水化产物浓度达到饱和或过饱和状态，并从溶液中析出，包在水泥颗粒表面。水化产物中的氢氧化钙、水化铝酸钙和水化硫铝酸钙是结晶程度较高的物质，而数量多的水化硅酸钙则是大小为 10～1000 埃（1 埃＝10^{-8} cm）的粒子（或微晶），比表面积大，相当于胶体物质，胶体凝聚便形成凝胶。以水化硅酸钙凝胶为主体，其中分布着氢氧化钙晶体的结构，通常称为凝胶体。

水化开始时，由于水泥颗粒表面覆盖了一层以水化硅酸钙凝胶为主的膜层，阻碍了水泥颗粒与水的接触，有相当长一段时间（1～2 h）水化十分缓慢。在此期间，由于水化物尚不多，包有凝胶体膜层的水泥颗粒之间还是分离的，相互之间引力较小，所以水泥浆基本保持塑性。

随着水泥颗粒不断水化，凝胶体膜层不断增厚而破裂，并继续扩展，在水泥颗粒之间形成了网状结构，水泥浆体逐渐变稠，黏度不断增大，渐渐失去塑性，这就是水泥的凝结过程。凝结后，水泥水化仍在继续进行。随着水化产物的不断增加，水泥颗粒之间的毛细孔不断被填实，加之水化产物中的氢氧化钙晶体、水化铝酸钙晶体不断贯穿于水化硅酸钙等凝胶体之中，逐渐形成了具有一定强度的水泥石，从而进入了硬化阶段。水化产物的进一步增加，水分的不断丧失，使水泥石的强度不断发展。硬化期是一个相当长的时间过程，在适当的养护条件下，水泥硬化可以持续几年甚至几十年。

随着凝胶体膜层的逐渐增厚，水泥颗粒内部的水化越来越困难，经过较长时间（几个月甚至若干年）的水化以后，除原来极细的水泥颗粒被完全水化外，仍存在大量尚未水化的水泥颗粒内核。因此，硬化后的水泥石是由各种水化物（凝胶和晶体）、未水化的水泥颗粒内核、毛细孔与水所组成的多相不匀质结构体，并随着不同时期相对数量的变化，而使水泥石的结构不断改变，从而表现为水泥石的性质也在不断变化。

（3）影响硅酸盐水泥凝结硬化的主要因素

水泥熟料矿物组成。水泥的组成成分及各组分的比例是影响硅酸盐系水泥凝结硬化的最重要内在因素。一般来讲，水泥中混合材料的增加或熟料含量的减少，将使水泥的水化热降低和凝结时间延长，并使其早期强度降低。如水泥熟料中 C_2S 与 C_3A 含量的提高，将使水泥的凝结硬化加快，早期强度较高，同时水化热也多集中在早期。

水泥颗粒细度。水泥颗粒越细，水泥比表面积（单位质量水泥颗粒的总表面积）越大，与水的接触面积也大，因此，其水化速度就越快，从而表现为水泥浆的凝结硬化加快，早期强度较高。但水泥颗粒过细时，其硬化时产生的体积收缩也较大，同时会增加磨细的能耗和提高成本，且不宜久存。

石膏掺量。石膏是作为延缓水泥凝结时间的组分而掺入水泥的。若石膏加入量过多，会导致水泥石的膨胀性破坏；过少则达不到缓凝的目的。石膏的掺入量一般为水泥成品质量的 3%~5%。

水泥浆的水灰比。拌和水泥浆时，水与水泥的质量之比称为水灰比（W/C）。在满足水泥水化需水量（25%左右）的情况下，加水量增大时水灰比较大，此时水泥的初期水化反应得以充分进行；但水泥颗粒间被水隔开的距离较远，颗粒间相互连接形成骨架结构所需的凝结时间长，因此水泥浆凝结硬化较慢。而且多余的水在硬化的水泥石内形成毛细孔隙，降低了水泥石的强度。

养护条件（环境温度、湿度）。水泥水化反应的速度与环境温度有关。通常，温度升高，水泥的水化反应加速，从而使其凝结硬化速度加快，强度增长加快，早期强度提高；相反，温度降低，则水化反应减慢，水泥的凝结硬化速度变慢，早期强度低，但因生成的水化产物较致密而可以获得较高的最终强度。当温度降到0℃以下，水泥的水化反应基本停止，强度不仅不增长，甚至会因水结冰而导致水泥石结构破坏。实际工程中，常通过蒸汽养护来加速水泥制品的凝结硬化过程，但高温养护往往导致水泥后期强度增长缓慢，甚至下降。水泥是水硬性胶凝材料，其矿物成分发生水化与凝结硬化的前提是必须有足够的水分存在。因此，水泥石结构早期必须注意养护，只有其保持潮湿状态，才有利于早期强度的发展。若缺少水分，不仅会导致水泥水化的停止，甚至还会导致过大的早期收缩而使水泥石结构产生开裂。

龄期。水泥浆的凝结硬化是随着龄期（天数）延长而发展的过程。随着时间的增加，水化程度提高，凝胶体不断增多，毛细孔减少，水泥石强度不断增加。只要温度、湿度适宜，水泥强度的增长可持续若干年。水泥石强度发展的一般规律是：3~7 d 内强度增长最快，28 d 内强度增长较快，超过 28 d 后强度将继续发展但增长较慢。

外加剂。在水泥中加入促凝剂，能加速水泥的凝结，加入缓凝剂能使水泥凝结延缓。

4. 硅酸盐水泥的主要技术性质

标准稠度用水量。由于加水量的多少，对水泥的一些技术性质（如凝结时间等）的测定值影响很大，故测定这些性质时，必须在一个规定的稠度下进行。这个规定的稠度称为标准稠度。水泥净浆达到标准稠度时所需的拌和水量（以水占水泥质量的百分比表示），称为标准稠度用水量（也称需水量）。硅酸盐水泥的标准稠度用水量，一般在 24%~30% 之间。水泥熟料矿物成分不同时，其标准稠度用水量亦有差别。水泥磨得越细，标准稠度用水量就越大。水泥标准中，对标准稠度用水量没有提出具体要求。但标准稠度用水量的大小，能在一定程度上影响混凝土的性能。标准稠度用水量较大的水泥，拌制同样稠度的混凝土，加水量也较大，故硬化时收缩较大，硬化后的强度及密实度也较差。因此，当其他条件相同时，水泥标准稠度用水量越小越好。

凝结时间。水泥的凝结时间有初凝与终凝之分。初凝时间是指从水泥加水到水泥浆开始失去可塑性所需的时间；终凝时间是指从水泥加水到水泥浆完全失去可塑性，并开始产生强度所需的时间。水泥凝结时间的测定，是以标准稠度的水泥净浆，在规定温度和湿度条件下，用凝结时间测定仪测定。水泥的凝结时间对混凝土和砂浆的施工有重要的意义。初凝时间不宜过短，以便施工时有足够的时间来完成混凝土和砂浆的搅拌、运输、浇捣或砌筑等操作；终凝时间也不宜过长，是为了使混凝土和砂浆在浇捣或砌筑完毕后能尽快凝结硬化，具有一定的强度，以利于下一道工序及早进行。国家标准规定，硅酸盐水泥初凝不小于 45 min，终凝不大于 390 min。普通硅酸盐水泥、矿渣硅酸盐水泥、火山灰质硅酸盐水泥、粉煤灰硅酸盐水泥和复合硅酸盐水泥初凝不小于 45 min，终凝不大于 600 min。

体积安定性。水泥的体积安定性，是指水泥在凝结硬化过程中，体积变化的均匀性。若水泥硬化后体积变化不均匀，即所谓的安定性不良。使用安定性不良的水泥会造成构件产生膨胀性裂缝，降低建筑物质量，甚至引起严重事故。造成水泥安定性不良的原因是，主要熟料中含有过多的游离氧化钙（f-CaO）或游离氧化镁（f-MgO），以及水泥粉磨时掺入的石膏超量。熟料中所含游离氧化钙或游离氧化镁都是过烧的，结构致密，水化很慢，加之被熟料中其他成分所包裹，使得在水泥已经硬化后才进行水化，产生体积膨胀，引起不均匀的体积变化。当石膏掺入量过多时，水泥硬化后，残余石膏与固态水化铝酸钙继续反应生成钙矾石，体积增大约 1.5 倍，从而导致水泥开裂。

沸煮能加速 f-CaO 的水化，国家标准规定用沸煮法检验水泥的体积安定性。其方法是将水泥净浆试饼或雷氏夹试件煮沸 3 h 后，用肉眼观察试饼未发现裂纹，用直尺检查也没有弯曲现象，或测得 2 个雷氏夹试件的膨胀值的平均值不大于 5mm 时，则体积安定性合格；反之，则为不合格。当对测定结果有争议时，以雷氏夹法为准。f-MgO 的水化比 f-CaO 更缓慢，其在压蒸条件下才加速水化；石膏的危害则需要长期在常温水中才能发现，两者均不便于快速检验。因此，国家标准规定通用水泥中 MgO 含量不得超过 5%，如经压蒸法检验安定性合格，则 MgO 含量可放宽到 6%；水泥中 SO_3 的含量不得超过 3.5%。

强度及强度等级。水泥的强度是评定其质量的重要指标，也是划分水泥强度等级的依据。根据现行国家标准《水泥胶砂强度检验方法（ISO 法）》规定，测定水泥强度时应将水泥、标准砂和水按质量比以 1∶3∶0.5 混合，按规定的方法制成 40 mm×40 mm×160 mm 的试件，在标准温度（20±1）℃的水中养护，分别测定其 3 d 和 28 d 的抗折强度和抗压强度。根据测定结果，普通硅酸盐水泥分为 42.5、42.5R、52.5、52.5R 4 个强度等级，矿渣硅酸盐水泥、火山灰质硅酸盐水泥、粉煤灰硅酸盐水泥分为 32.5、32.5R、42.5、42.5R、52.5、52.5R 6 个强度等级，复合硅酸盐水泥分为 32.5R、42.5、42.5R、52.5、52.5R 5 个强度等级。此外，依据水泥 3 d 的不同强度又分为普通型和早强型 2 种类型，其中有代号 R 者为早强型水泥。

细度。细度是指水泥颗粒的粗细程度，是检定水泥品质的选择性指标。水泥颗粒的粗细直接影响水泥的需水量、凝结硬化及强度。水泥颗粒越细，与水起反应的比表面积越大，水化较快，早期强度及后期强度都较高。但水泥颗粒过细，研磨水泥能耗大，成本也较高，且易与空气中的水分及二氧化碳起反应，不宜久置，硬化时收缩也较大。若水泥颗粒过粗，则不利于水泥活性的发挥。水泥细度可用筛析法和比表面积法来检测。筛析法以 80 μm 或 45 μm 方孔筛的筛余量表示水泥细度。比表面积法用 1 kg 水泥所具有的总表面积（m²/kg）来表示水泥细度。为满足工程对水泥性能的要求，国家标准规定，硅酸盐水泥和普通硅酸盐水泥以比表面积表示，不小于 300 m²/kg；矿渣硅酸盐水泥、火山灰质硅酸盐水泥、粉煤灰硅酸盐水泥和复合硅酸盐水泥以筛余表示，80 μm 方孔筛筛余不大于 10% 或 45 μm 方孔筛筛余不大于 30%。

碱含量。水泥中的碱超过一定含量时，遇上骨料中的活性物质如活性 SiO_2，会生成膨胀性的产物，导致混凝土开裂破坏。为防止发生此类反应，须对水泥中的碱进行控制。现行国家标准将碱含量定为选择性指标。若使用活性骨料，用户要求提供低碱水泥时，水泥中碱含量按 $Na_2O + 0.658K_2O$ 计算的质量百分率应不大于 0.60%，或由买卖双方协商确定。

5. 水泥石的侵蚀和防止

（1）水泥石的侵蚀

通常情况下，硬化后的硅酸盐水泥具有较强的耐久性。但在某些含侵蚀性物质（酸、强碱、盐类）的介质中，由于水泥石结构存在孔隙率，有害介质侵入水泥石内部，水泥石中的水化产物与介质中的侵蚀性物质发生物理、化学作用，使已硬化的水泥石结构遭到破坏，强度降低，最终甚至造成建筑物的破坏，这种现象称为水泥石的侵蚀。

根据侵蚀介质的不同，硅酸盐水泥石的几种典型侵蚀作用如下：

①溶出性侵蚀（软水侵蚀）。氢氧化钙结晶体是构成水泥石结构的主要水化产物之一，它须在一定浓度的氢氧化钙溶液中才能稳定存在；如果水泥石结构所处环境的溶液（如软水）中氢氧化钙浓度低于其饱和浓度时，则其中的氢氧化钙将被溶解或分解，从而造成水泥石结构的破坏。雨水、雪水、蒸馏水、工厂冷凝水及含碳酸盐很少的河水与湖水等都属于软水。当水泥石长期与这些水相接融

时，其中的氢氧化钙会被溶出（每升水中能溶氢氧化钙1.3g以上）。在静水中或无压的情况下，由于氢氧化钙容易达到饱和，故溶出仅限于表层而对水泥石结构的危害不大。但在流水及压力水的作用下时，其中氢氧化钙会不断被溶解而流失，并使水泥石碱度不断降低，从而引起其他水化产物的分解与溶蚀。如高碱性的水化硅酸盐、水化铝酸盐等可分解成为胶结能力很差的低碱性水化产物，最后导致水泥石结构的破坏，这种现象称为溶析。当环境水中含有重碳酸盐时，则重碳酸盐可与水泥石中的氢氧化钙产生反应，并生成几乎不溶于水的碳酸钙。所生成的碳酸钙沉积在已硬化水泥石中的孔隙内起密实作用，从而可阻止外界水的继续侵入及内部氢氧化钙的扩散析出。因此，对须与软水接触的混凝土，若预先在空气中硬化和存放一段时间后，可使其发生碳化作用而形成碳酸钙外壳，这将对溶出性侵蚀起到一定的阻止效果。溶出性侵蚀的强弱程度，与水质的硬度有关。当环境水的水质较硬，即水中重碳酸盐含量较高时，氢氧化钙的溶解度较小，侵蚀性较弱；反之，水质越软，侵蚀性越强。

②盐类侵蚀：

硫酸盐侵蚀。在海水、地下水及盐沼水等矿物水中，常含有大量的硫酸盐类，如硫酸镁（$MgSO_4$）、硫酸钠（Na_2SO_4）及硫酸钙（$CaSO_4$）等，它们对水泥石均有严重的破坏作用。硫酸盐能与水泥石中的氢氧化钙起反应，生成石膏。石膏在水泥石孔隙中结晶时体积膨胀，使水泥石破坏，更严重的是，石膏与水泥石中的水化铝酸钙起作用，生成水化硫铝酸钙。生成的水化硫铝酸钙，含有大量的结晶水，其体积比原有水化铝酸钙体积增大约1.5倍，对水泥石产生巨大的破坏作用。由于水化硫铝酸钙呈针状结晶，故常称之为"水泥杆菌"。当水中硫酸盐浓度较高时，所生成的硫酸钙还会在孔隙中直接结晶成二水石膏，这也会产生明显的体积膨胀而导致水泥石的开裂破坏。

镁盐侵蚀。在海水、地下水及其他矿物水中，常含有大量的镁盐，主要有硫酸镁及氯化镁等。这些镁盐能与水泥石中的氢氧化钙 [$Ca(OH)_2$] 发生反应，在生成物中，氯化钙（$CaCl_2$）易溶于水，氢氧化镁 [$Mg(OH)_2$] 松软无胶结力，石膏则进而产生硫酸盐侵蚀，它们都将破坏水泥石结构。

③酸性侵蚀：

碳酸侵蚀。某些工业污水及地下水中常含有较多的二氧化碳。二氧化碳与水泥石中的氢氧化钙反应生成碳酸钙，碳酸钙与二氧化碳反应生成碳酸氢钙。由于碳酸氢钙易溶于水，若被流动的水带走，化学平衡遭到破坏，反应不断向右边进行，则水泥石中的石灰浓度不断降低，水泥石结构逐渐破坏。

一般酸的侵蚀。在工业废水、地下水、沼泽水中常含有无机酸或有机酸，工业窑炉中的烟气常含有二氧化硫，遇水后生成亚硫酸，这些酸类物质将对水泥石产生不同程度的侵蚀作用。各种酸很容易与水泥石中的氢氧化钙产生中和反应，其作用后的生成物或者易溶于水而流失，或者体积膨胀而在水泥石内造成内应力而导致结构破坏。侵蚀作用最快的无机酸有盐酸、氢氟酸、硝酸、硫酸，有机酸有醋酸、蚁酸和乳酸等。如盐酸和硫酸分别与水泥石中的氢氧化钙作用，反应生成的氯化钙易溶于水，被水带走后，降低了水泥石的石灰浓度，生成的二水石膏在水泥石孔隙中结晶膨胀，使水泥石结构开裂，继而又起硫酸盐的侵蚀作用。环境水中酸的氢离子浓度越大，即 pH 值越小时，则侵蚀性越严重。

强碱的侵蚀。低浓度或碱性不强的溶液一般对水泥石结构无害，但是，当水泥中铝酸盐含量较高时，遇到强碱（氢氧化钠、氢氧化钾）作用后也可能因被侵蚀而破坏。这是因为氢氧化钠与水泥熟料中未水化的铝酸盐作用时，可生成易溶的铝酸钠，当水泥石被氢氧化钠浸透后再经干燥时，容易与空气中的二氧化碳作用生成碳酸钠，从而在水泥石毛细孔中结晶沉积，最终导致水泥石结构被胀裂。

除上述四种侵蚀类型外，还有糖类、氨盐、纯酒精、动物脂肪、含环烷酸的石油产品等物质对水泥石也有一定的侵蚀作用。实际上，水泥石的侵蚀是一个极为复杂的物理化学作用过程，在其遭受侵蚀时，很少仅为单一的侵蚀作用，往往是几种同时存在，互相影响。但从水泥石结构本身来说，造成其侵蚀的基本原因一方面是水泥石中存在有易被侵蚀的组分（如其中的氢氧化钙、水化铝酸钙）；另一方面，是水泥石本身的结构不密实，往往含有很多毛细孔通道，使得侵蚀性介质易于进出其内部结构。

（2）水泥石侵蚀的防止

根据水泥石侵蚀的原因及侵蚀的类型，工程中可采取下列防止措施：

根据环境介质的侵蚀特性，合理选择水泥的品种。如采用水化产物中氢氧化钙含量较少的水泥，可提高对各种侵蚀作用的抵抗能力；对于具有硫酸盐腐蚀的环境，可采用铝酸三钙含量低于 5% 的抗硫酸盐水泥；另外，掺入适当的混合材料，也可提高水泥对不同侵蚀介质的抵抗能力。

提高水泥石的密实度。从理论上讲，硅酸盐系水泥水化所需水（化合水）仅为水泥质量的 23% 左右，但工程实际中为满足施工要求，其实际用水量为水泥质量的 40%~70%，其中大部分水分蒸发后会形成连通孔隙，这为侵蚀介质侵入水泥石内部提供了通道，从而加速了水泥石的侵蚀。为此，可采取适当的措施来提高其结构的密实度，以抵抗侵蚀介质的侵入。通过合理的材料配比设计如降低水灰比、掺加某些可堵塞孔隙的物质、改善施工方法，均可以获得均匀密实的水泥石结构，避免或减缓水泥石的侵蚀。

设置保护层。当环境介质的侵蚀作用较强，或难以利用水泥石结构本身抵抗其侵蚀作用时，可在其表面加做耐腐蚀性强且不易透水的保护区层，隔绝侵蚀性介质，保护原有建筑结构，使之不遭受侵蚀，如耐酸石料、耐酸陶瓷、玻璃、塑料、沥青、涂料、不透水的水泥喷浆层及塑料薄膜防水层等。尽管这些措施的成本通常较高，但其效果却十分有效，均能起到保护作用。

6. 硅酸盐水泥的特性与应用

硅酸盐水泥中的混合材料掺量很少，其特性主要取决于所用水泥熟料矿物的组成与性能。因此，硅酸盐水泥通常具有以下基本特性：

水化、凝结与硬化速度快，强度高。硅酸盐水泥中熟料多，即水泥中 C_4S 含量多，水化、凝结硬化快，早期强度与后期强度均高。通常土木工程中所采用的硅酸盐水泥多为强度等级较高的水泥，主要用于要求早强的结构工程，大跨度、高强度、预应力结构等重要结构的混凝土工程。

水化热大，且放热较集中。硅酸盐水泥中早期参与水化反应的熟料成分比例高，尤其是其中的 C_4S 和 C_3A 含量更高，使其在凝结硬化过程中的放热反应表现较为剧烈。通常情况下，硅酸盐水泥的早期水化放热量大，放热持续时间也较长；其 3 d 内的水化放热量约占其总放热量的 50%，3 个月后可达到总放热量的 90%。因此，硅酸盐水泥适用于冬季施工，不适宜在大体积混凝土等工程中使用。

抗冻性好。硅酸盐水泥石具有较高的密实度，且具有对抗冻性有利的孔隙特征，因此抗冻性好，适用于严寒地区遭受反复冻融循环的混凝土工程及干湿交替的部位。

耐腐蚀性差。硅酸盐水泥的水化产物中含有较多可被侵蚀的物质（如氢氧化钙等），因此，它不适合用于软水环境或酸性介质环境中的工程，也不适用于经常与流水接触或有压力水作用的工程。

耐热性差。随着温度的升高，硅酸盐水泥的硬化结构中的某些组分会产生较明显的变化。当受热温度达到 $400 \sim 600℃$ 时，其水泥中的部分矿物将会产生明显的晶型转变或分解，导致其结构强度显著下降。当温度达到 $700 \sim 1000℃$ 时，其水泥石结构会遭到严重破坏，而表现为强度的严重降低，甚至产生结构崩溃。故硅酸盐水泥不适用于有耐热、高温要求的混凝土工程。

干缩性小。硅酸盐水泥在凝结硬化过程中生成大量的水化硅酸钙凝胶，游离水分少，水泥石密实，硬化时干燥收缩小，不易产生干缩性裂纹，可用于干燥环境中的混凝土工程。

抗碳化性好。水泥石中氢氧化钙与空气中的二氧化碳及水的作用称为碳化。硅酸盐水泥水化后，水泥石中含有较多的氢氧化钙，因此，抗碳化性好。

耐磨性好。硅酸盐水泥强度高，耐磨性好，适用于道路、地面等对耐磨性要求高的工程。

（二）掺混合材料的硅酸盐水泥

1. 混合材料

混合材料是生产水泥时为改善水泥的性能、调节水泥的强度等级而掺入的人工或天然矿物材料，它也称为掺和料。多数硅酸盐水泥品种都掺加有适量的混合材料，这些混合材料与水泥熟料共同磨细后，不仅可调节水泥等级、增加产量、降低成本，还可调整水泥的性能，增加水泥品种，满足不同工程的需要。

（1）混合材料的分类

混合材料按照在水泥中的性能表现不同，可分为活性混合材料和非活性混合材料两大类，其中活性混合材料用量最大。

①活性混合材料。磨细的混合材料与石灰、石膏或硅酸盐水泥混合均匀，加水拌和后，在常温下能发生化学反应，生成具有水硬性的水化产物，这种混合材料称为活性混合材料。对于这类混合材料，常用石灰、石膏等作为激发剂来激发其潜在反应能力从而提高胶凝能力。常用的活性混合材料有粒化高炉矿渣、火山灰质混合材料及粉煤灰等。

②非活性混合材料。凡常温下与石灰、石膏或硅酸盐水泥一起，加水拌和后不能发生水化反应或反应甚微，不能生成水硬性产物的混合材料称为非活性混合材料。水泥中掺加非活性混合材料后可以调节水泥的强度等级、降低水化热等，并增加水泥产量。常用的非活性混合材料有石灰石粉、磨细石英砂、慢冷矿渣及黏土等。此外，凡活性未达到规定要求的高炉矿渣、火山灰质混合材料及粉煤灰等也可作为非活性混合材料使用。

（2）活性混合材料的水化

活性混合材料主要化学成分为活性 SiO_2 和活性 Al_2O_3，这些活性混合材料本身虽难产生水化反应，无胶凝性，但在 $Ca(OH)_2$ 或石膏等溶液中，却能产生明显的水化反应，生成水化硅酸钙和水化铝酸钙。

当液相中有石膏存在时，将与水化铝酸钙反应生成水化硫铝酸钙。水泥熟料的水化产物 $Ca(OH)_2$ 和熟料中的石膏具备了使活性混合材料发挥活性的条件，即 $Ca(OH)_2$ 和石膏起着激发水化、促进水泥硬化的作用，故称为激发剂。

掺活性混合材料的硅酸盐水泥与水拌和后，首先是水泥熟料水化，生成 $Ca(OH)_2$。然后，$Ca(OH)_2$ 与掺入的石膏作为活性混合材料的激发剂，产生上述的反应（称二次水化反应）。二次水化反应速度较慢，对温度反应敏感。

2. 掺混合材料的硅酸盐水泥

在硅酸盐水泥熟料中掺入不同种类的混合材料，可制成性能不同的掺混合材料的通用硅酸盐水泥。常用的有普通硅酸盐水泥、矿渣硅酸盐水泥、火山灰质硅酸盐水泥、粉煤灰硅酸盐水泥及复合硅酸盐水泥。

（1）普通硅酸盐水泥

普通硅酸盐水泥的定义：凡由硅酸盐水泥熟料、5%~20%混合材料、适量石膏磨细制成的水硬性凝材料，称为普通硅酸盐水泥（简称普通水泥），代号

P·O。掺活性混合材料时，最大掺量不得超过 20%，其中允许用不超过水泥质量 5% 的窑灰或不超过水泥质量 8% 的非活性混合材料来代替。

普通硅酸盐水泥的成分中，绝大部分仍是硅酸盐水泥熟料，故其基本特性与硅酸盐水泥相近。但由于普通硅酸盐水泥中掺入了少量混合材料，故某些性能与硅酸盐水泥比较，又稍有些差异。普通水泥的早期硬化速度稍慢，强度略低。同时，普通水泥的抗冻、耐磨等性能也较硅酸盐水泥稍差。

（2）矿渣硅酸盐水泥

矿渣硅酸盐水泥的定义：凡由硅酸盐水泥熟料和粒化高炉矿渣，适量石膏磨细制成的水硬性胶凝材料，称为矿渣硅酸盐水泥（简称矿渣水泥），代号为 P·S。

矿渣水泥中粒化高炉矿渣掺量按质量百分比计为 20%~70%，按掺量不同分为 A 型和 B 型两种。A 型矿渣水泥的矿渣掺量为 20%~50%，其代号 P·S·A；B 型矿渣水泥的矿渣掺量为 50%~70%，其代号 P·S·B。允许用石灰石、窑灰和火山灰质混合材料中的一种材料代替矿渣，代替总量不得超过水泥质量的 8%，替代后水泥中的粒化高炉矿渣不得少于 20%。

矿渣水泥加水后，首先是水泥熟料颗粒开始水化，继而矿渣受熟料水化时所析出的 $Ca(OH)_2$ 的激发，活性 SiO_2、Al_2O_3 即与 $Ca(OH)_2$ 作用形成具有胶凝性能的水化硅酸钙和水化铝酸钙。

（3）火山灰质硅酸盐水泥

火山灰质硅酸盐水泥的定义：凡由硅酸盐水泥熟料和火山灰质混合材料、适量石膏磨细制成的水硬性胶凝性材料，称为火山灰质硅酸盐水泥（简称火山灰水泥），代号 P·P。水泥中火山灰质混凝合材料掺量按质量百分比计为 20%~40%。

（4）粉煤灰硅酸盐水泥

粉煤灰硅酸盐水泥的定义：凡由硅酸盐水泥熟料和粉煤灰、适量石膏磨细制成的水硬性胶凝材料，称为粉煤灰硅酸盐水泥（简称粉煤灰水泥），代号 P·F。

水泥中粉煤灰掺量按质量百分比计为 20%~40%。粉煤灰水泥对细度、凝结时间及体积安定性的技术要求与矿渣硅酸盐水泥相同。

（5）复合硅酸盐水泥

复合硅酸盐水泥的定义：凡由硅酸盐水泥熟料、两种或两种以上规定的混合材料、适量石膏磨细制成的水硬性胶凝性材料，称为复合硅酸盐水泥（简称复合水泥），代号 P·C。水泥中混合材料总掺量按质量百分比计应大于20%，但不超过50%。水泥中允许用不超过8%的窑灰代替部分混合材料；掺矿渣时混合材料掺量不得与矿渣水泥重复。

用于掺入复合水泥的混合材料有多种。除符合国家标准的粒化高炉矿渣、粉煤灰及火山灰质混合材料外，还可掺用符合标准的粒化精炼铁渣、粒化增钙液态渣、各种新开发的活性混合性材料，以及各种非活性混合性材料。因此，复合水泥更加扩大了混合材料的使用范围，既利用了混合材料资源，缓解了工业废渣的污染问题，又大大降低了水泥的生产成本。

复合硅酸盐水泥同时掺入两种或两种以上的混合材料，它们在水泥中不是每种混合材料作用的简单叠加，而是相互补充。如矿渣与石灰石复掺，使水泥既有较高的早期强度，又有较高的后期强度增长率；又如火山灰与矿渣复掺，可有效地减少水泥的需水性。水泥中同时掺入两种或多种混合材料，可更好地发挥混合材料各自的优良特性，使水泥性能得到全面改善。

复合水泥对细度、凝结时间及体积安定性的技术要求与矿渣硅酸盐水泥相同。

此外，水泥品种海报还有中、低热硅酸盐水泥及低热矿渣硅酸盐水泥、白水泥、彩色水泥、膨胀水泥、铝酸盐水泥等多个种类，这里不再过多介绍。

（三）水泥的验收、运输与贮存

工程中应用水泥，不仅要对水泥品种进行合理选择，质量验收时还要严格把关，妥善进行运输、保管、贮存等也是必不可少的。

1. 验收

（1）包装标志验收

根据供货单位的发货明细表或入库通知单及质量合格证，分别核对水泥包装上所注明的执行标准、水泥品种、代号、强度等级、生产者名称、生产许可证标志（QS）及编号、出厂编号、包装日期、净含量。掺火山灰质混合材料的普通水泥和矿渣水泥还应标上"掺火山灰"字样。包装袋两侧应根据水泥的品种采用不同的颜色印刷水泥名称和强度等级，硅酸盐水泥和普通硅酸盐水泥采用红色，矿渣硅酸盐水泥采用绿色，火山灰质硅酸盐水泥、粉煤灰硅酸盐水泥和复合硅酸盐水泥采用黑色或蓝色。散装发运时应提交与袋装标志相同内容的卡片。

（2）数量验收

水泥可以散装或袋装，袋装水泥每袋净含量为 50 kg，且应不少于标志质量的 99%；随机抽取 20 袋总质量（含包装袋）应不少于 1000 kg。其他包装形式由供需双方协商确定，但有关袋装质量要求，应符合上述规定。

（3）质量验收

水泥出厂前按同品种、同强度等级编号和取样。袋装水泥和散装水泥应分别进行编号和取样。每一个编号为一个取样单位。取样应有代表性，可连续取，也可以从 20 个以上不同部位取等量样品，总量至少 12kg。

交货时水泥的质量验收可抽取实物试样以其检验结果为依据，也可以生产者同编号水泥的检验报告为依据。采取何种方法验收由买卖双方商定，并在合同或协议中注明。

以抽取实物试样的检验结果为验收依据时，买卖双方应在发货前或交货地共同取样和签封。取样数量为 20kg，缩分为二等份。一份由卖方保存 40 d，一份由买方按标准规定的项目和方法进行检验。在 40 d 以内，买方检验认为产品质量不符合标准要求，而卖方又有异议时，则双方应将卖方保存的另一份试样送省级或省级以上国家认可的水泥质量监督检验机构进行仲裁检验。

以水泥厂同编号水泥的检验报告为验收依据时，在发货前或交货时，买方在同编号水泥中抽取试样，双方共同签封后保存 3 个月，或委托卖方在同编号水泥中抽取试样，签封后保存 3 个月。在 3 个月内，买方对水泥质量有疑问时，买卖双方应将签封的试样送省级或省级以上国家认可的水泥质量监督检验机构进行仲裁检验。

2. 运输与贮存

（1）水泥的受潮

水泥是一种具有较大表面积、极易吸湿的材料，在贮运过程中，如与空气接触，则会吸收空气中的水分和二氧化碳而发生部分水化反应和碳化反应，从而导致水泥变质，这种现象称为风化或受潮。受潮水泥由于水化产物的凝结硬化，会出现结粒或结块现象，从而失去活性，导致强度下降，严重的甚至不能用于工程中。

此外，即使水泥不受潮，长期处在大气环境中，其活性也会降低。

（2）水泥的运输和贮存

水泥在运输过程中，要采用防雨雪措施，在保管中要严防受潮。不同生产厂家、品种、强度等级和出厂日期的水泥应分开贮运，严禁混杂。应先存先用，不可贮存过久。

受潮后的水泥强度逐渐降低、密度也降低、凝结迟缓。水泥强度等级越高，细度越细，吸湿受潮也越快。水泥受潮快慢及受潮程度与保管条件、保管期限及质量有关。一般贮存 3 个月的水泥，强度降低 10%～25%，贮存 6 个月可降低 25%～40%。通用硅酸盐水泥贮存期为 3 个月。过期水泥应按规定进行取样复验，按实际强度使用。

水泥一般入库存放，贮存水泥的库房必须干燥通风。存放地面应高出室外地面 30cm，距离窗户和墙壁 30cm 以上；袋装水泥堆垛不宜过高，以免下部水泥受压结块，一般 10 袋堆一垛。如存放时间短，库房紧张，也不宜超过 15 袋。露天临时贮存袋装水泥时，应选择地势高、排水条件好的场地，并认真做好上盖下垫，以防止水泥受潮。

贮运散装水泥时，应使用散装水泥罐车运输，采用铁皮罐仓或散装水泥库存放。

二、砂石骨料

混凝土用砂石骨料按粒径大小分为细骨料和粗骨料。按现行行业标准《水利水电工程天然建筑材料勘察规程》（SL 251—2000），水工混凝土用砂粒径在 0.075～5mm 的岩石颗粒，称为细骨料；粒径大于 5mm 的颗粒称为粗骨料。骨料在混凝土中起骨架作用和稳定作用，而且其用量所占比例也最大，通常粗、细骨料的总体积要占混凝土总体积的 70%～80%。因此，骨料质量的优劣对混凝土性能影响很大。

为保证混凝土的各项物理性能，骨料技术性能必须满足规定的要求。为获得合理的混凝土内部结构，通常要求所用骨料应具有合理的颗粒级配，其颗粒粗细程度应满足相应的要求；颗粒形状应近似圆形，且应具有较粗糙的表面以利于与水泥浆的黏结。还要求骨料中有害杂质含量较少，骨料的化学性能与物理状态应稳定，且具有足够的力学强度以使混凝土获得坚固耐久的性能。

（一）砂

1. 砂的种类及其特性

本工程中常用的砂主要有天然砂或人工砂。

天然砂是由天然岩石经长期风化、水流搬运和分选等自然条件作用而形成的岩石颗粒，但不包括软质岩、风化岩石的颗粒。按其产源不同可分为河砂、湖砂、海砂及山砂。对于河砂、湖砂和海砂，由于长期受水流的冲刷作用，颗粒多呈圆形，表面光滑、洁净，拌制混凝土和易性较好，能减少水泥用量；产源较广；但与水泥的胶结力较差。而海砂中常含有碎贝壳及可溶盐等有害杂质而不利于混凝土结构。山砂是岩体风化后在山涧堆积下来的岩石碎屑，其颗粒多具棱角，表面粗糙，砂中含泥量及有机杂质等有害杂质较多。与水泥胶结力强，但拌制混凝土的和易性较差。水泥用量较多，砂中含杂质也较多。在天然砂中河砂的综合性质最好，是工程中用量最多的细骨料。

根据制作方式的不同，人工砂可分为机制砂和混合砂两种。机制砂是将天然岩石用机械轧碎、筛分后制成的颗粒，其颗粒富有棱角，比较洁净，但砂中片状颗粒及细粉含量较多，且成本较高。混合砂是由机制砂和天然砂混合而成，其技术性能应满足人工砂的要求。当仅靠天然砂不能满足用量需求时，可采用混合砂。

砂按细度模数分为粗、中、细三种规格，其细度模数分别为：

粗：3.7~3.1。

中：3.0~2.3。

细：2.2~1.6。

2. 混凝土用砂的质量要求

混凝土用砂的质量要求应满足表 1-2 的要求。

表 1-2 混凝土细骨料质量技术指标

项目		指标	
		天然砂	人工砂
表观密度/（kg/m）		≥2500	
细度模数		2.2~3.0	2.4~2.8
石粉含量/%		—	6~18
表面含水率/%		≤6	
含泥量/%	设计龄期强度等级≥30 MPa 和有抗冻要求的混凝土	≤3	
	设计龄期强度等级<30 MPa	≤5	
坚固性/%	有抗冻和抗侵蚀要求的混凝土	≤8	
	无抗冻要求的混凝土	≤10	
泥块含量		不允许	
硫化物及硫酸盐含量/%		≤1	
云母含量/%		≤2	
轻物质含量/%		≤1	—
有机质含量		浅于标准色	不允许

（二）粗骨料（卵石、碎石）

混凝土中的粗骨料常用的有碎石和卵石。

卵石又称砾石，它是由天然岩石经自然风化、水流搬运和分选、堆积形成的，按其产源可分为河卵石、海卵石及山卵石等几种，其中以河卵石应用较多。卵石中有机杂质含量较多，但与碎石比较，卵石表面光滑，棱角少，孔隙率及面积小，拌制的混凝土水泥浆用量少，和易性较好，但与水泥石胶结力差。在相同条件下，卵石混凝土的强度较碎石混凝土低。碎石由天然岩石或卵石经破碎、筛分而成，表面粗糙，棱角多，较洁净，与水泥浆黏结比较牢固。故卵石与碎石各有特点，在实际工程中，应本着满足工程技术要求及经济的原则进行选用。根据标准规定，卵石和碎石的技术指标应符合表 1-3、表 1-4 的规定。

表 1-3　粗骨料的压碎指标值

骨料类型		设计龄期混凝土抗压强度等级	
		≥30 MPa	<30 MPa
碎石	沉积岩	≤10	≤16
	变质岩	≤12	≤20
	岩浆岩	≤13	≤30
卵石		≤12	≤16

表 1-4　粗骨料的其他品质要求

项　目		指　标
表观密度/（kg/m）		≥2550
吸水率/%	有抗冻要求和侵蚀作用的混凝土	≤1.5
	无抗冻要求的混凝土	≤2.5
含泥量/%	D_{20}、D_{40}粒径级	≤1
	D_{80}、D_{150}（D_{120}）粒径级	≤0.5
坚固性/%	有抗冻和抗侵蚀要求的混凝土	≤5
	无抗冻要求的混凝土	≤12
软弱颗粒含量/%	设计龄期强度等级≥30 MPa 和有抗冻要求的混凝土	≤5
	设计龄期强度等级<30 MPa	≤10

三、混凝土拌和及养护用水

凡可饮用的水，均可用于拌制和养护混凝土。未经处理的工业废水、污水及沼泽水，不能使用。

天然矿化水中含盐量、氯离子及硫酸根离子含量及 pH 值等化学成分能够满足现行行业标准《混凝土用水标准》（JGJ 63—2006）要求时，也可以用于拌制和养护混凝土（见表 1-5）。

表 1-5　混凝土拌和用水质量要求

项　目	钢筋混凝土	素混凝土
pH 值	≥4.5	≥4.5
不溶物/（mg/L）	≤2000	≤5000

项目	钢筋混凝土	素混凝土
可溶物/（mg/L）	≤5000	≤10000
氯化物，以 Cl^- 计/（mg/L）	≤1200	≤3500
硫酸盐，以 SO_4^{2-} 计/（mg/L）	≤2700	≤2700
碱含量/（mg/L）	≤1500	≤1500

四、混凝土外加剂

在拌制混凝土过程中掺入的不超过水泥质量的 5%（特殊情况除外），且能使混凝土按需要改变性质的物质，称为混凝土外加剂。

混凝土外加剂的种类很多，根据国家标准，混凝土外加剂按主要功能来命名，如普通减水剂、高效减水剂、聚羧酸系高性能减水剂、引气剂、引气减水剂、早强剂、缓凝剂、泵送剂、防冻剂、速凝剂、膨胀剂、防水剂和阻锈剂。以下着重介绍工程中常用的各种减水剂、引气剂、早强剂、缓凝剂及速凝剂。

混凝土外加剂按其主要作用可分为如下四类：

第一，改善混凝土拌和物流变性能的外加剂，包括各种减水剂、引气剂及泵送剂。

第二，调节混凝土凝结硬化性能的外加剂，包括缓凝剂、早强剂及速凝剂等。

第三，改善混凝土耐久性的外加剂，包括引气剂、防水剂、阻锈剂等。

第四，改善混凝土其他特殊性能的外加剂，包括加气剂、膨胀剂、黏结剂、着色剂、防冻剂等。

（一）减水剂

减水剂是指在混凝土坍落度基本相同的条件下，能减少拌和用水量的外加剂。按减水能力及其兼有的功能有普通减水剂、高效减水剂、早强减水剂及引气减水剂等。减水剂多为亲水性表面活性剂。

常用减水剂有木质素系、萘磺酸盐系（简称萘系）、松脂系、糖蜜系、聚羧酸系及腐植酸系等，此外，还有脂肪族类、氨基苯磺酸类、丙烯酸类减水剂。

混凝土减水剂的掺加方法，有同掺法、后掺法及滞水掺入法等。所谓同掺法，即是将减水剂溶解于拌和用水，并与拌和用水一起加入到混凝土拌和物中。所谓后掺法，就是在混凝土拌和物运到浇筑地点后，再掺入减水剂或再补充掺入部分减水剂，并再次搅拌后进行浇筑。所谓滞水掺入法，是在混凝土拌和物已经加入搅拌 $1\sim3min$ 后，再加入减水剂，并继续搅拌到规定的拌和时间。聚羧酸系高性能减水剂的掺量为胶凝材料总重量的 $0.4\%\sim2.5\%$，常用掺量为 $0.8\%\sim1.5\%$。使用聚羧酸系高性能减水剂时，可以直接以原液形式掺加，也可以配制成一定浓度的溶液使用，并扣除聚羧酸系高性能减水剂自身所带入的水量。

（二）速凝剂

掺入混凝土中能促进混凝土迅速凝结硬化的外加剂称为速凝剂。

通常，速凝剂的主要成分是铝酸钠或碳酸钠等盐类。当混凝土中加入速凝剂后，其中的铝酸钠、碳酸钠等盐类在碱性溶液中迅速与水泥中的石膏反应生成硫酸钠，并使石膏丧失原有的缓凝作用，导致水泥中 C_3A 的迅速水化，促进溶液中水化物晶体的快速析出，从而使混凝土中水泥浆迅速凝固。

工程中较常用的速凝剂主要是这些无机盐类，其主要品种有"红星一型"和"711 型"。其中，红星一型是由铝氧熟料、碳酸钠、生石灰等按一定比例配制而成的一种粉状物；711 型速凝剂是由铝氧熟料与无水石膏按 3∶1 的质量比配合粉磨而成的混合物，它们在矿山、隧道、地铁等工程的喷射混凝土施工中最为常用。

（三）早强剂

早强剂是能显著加速混凝土早期强度发展且对后期强度无显著影响的外加剂。按其化学成分分为氯盐类、硫酸盐类、有机胺类及其复合早强剂四类。

（四）引气剂

引气剂是在混凝土搅拌过程中能引入大量独立的、均匀分布、稳定而封闭小气泡的外加剂。按其化学成分分为松香树脂类、烷基苯磺酸类及脂肪醇磺酸盐类三大类，其中以松树脂类应用最广，主要有松香热聚物和松香皂两种。

松香热聚物是由松香、硫酸、苯酚（石炭酸）在较高温度下进行聚合反应，再经氢氧化钠中和而成的物质。松香皂是将松香加入煮沸的氢氧化钠溶液中经搅拌、溶解、皂化而成，其主要成分为松香酸钠。目前，松香热聚物是工程中最常使用和效果最好的引气剂品种之一。

引气剂属于憎水性表面活性剂，其活性作用主要发生在水-气界面上。溶于水中的引气剂掺入新拌混凝土后，能显著降低水的表面张力，使水在搅拌作用下，容易引入空气形成许多微小的气泡。由于引气剂分子定向在气泡表面排列而形成了一层保护膜，且因该膜能够较牢固地吸附着某些水泥水化物而增加了膜层的厚度和强度，使气泡膜壁不易破裂。

掺入引气剂，混凝土中产生的气泡大小均匀，直径在 $20 \sim 1000\mu m$ 之间，大多在 $200\mu m$ 以下。气泡形成的数量与加入引气剂的品种、性能和掺量有关。大量微细气泡的存在，对混凝土性能产生很大影响，主要体现在以下三个方面：

一是有效改善新拌混凝土的和易性。在新拌混凝土中引入的大量微小气泡，相对增加了水泥浆体积，而气泡本身起到了轴承滚珠的作用，使颗粒间摩擦阻力减小，从而提高了新拌混凝土的流动性。同时，由于某种原因水分被均匀地吸附在气泡表面，使其自由流动或聚集趋势受到阻碍，从而使新拌混凝土的泌水率显著降低，黏聚性和保水性明显改善。

二是显著提高混凝土的抗渗性和抗冻性。混凝土中大量微小气泡的存在，不仅可堵塞或隔断混凝土中的毛细管渗水通道，而且由于保水性的提高，也减少了混凝土内水分聚集造成的水囊孔隙，因此，可显著提高混凝土的抗渗性。此外，由于大量均匀分布的气泡具有较高的弹性变形能力，它可有效地缓冲孔隙中水分结冰时产生的膨胀应力，从而显著提高混凝土的抗冻性。

三是变形能力增大，但强度及耐磨性有所降低。掺入引气剂后，混凝土中大量气泡的存在，可使其弹性模量略有降低，弹性变形能力有所增大，这对提高其抗裂性是有利的。但是，也会使其变形有所增加。

由于混凝土中大量气泡的存在，使其孔隙率增大和有效面积减小，使其强度及耐磨性有所降低。通常，混凝土中含气量每增加 1%，其抗压强度可降低 4% ~ 6%，抗折强度可降低 2% ~ 3%。为防止混凝土强度的显著下降，应严格控制引气剂的掺量，以保证混凝土的含气量不致过大。

（五）缓凝剂及缓凝减水剂

能延缓混凝土凝结时间，并对混凝土后期强度发展无不利影响的外加剂，称为缓凝剂，兼有缓凝和减水作用的外加剂称为缓凝减水剂。

我国使用最多的缓凝剂是糖钙、木钙，它具有缓凝及减水作用。其次有羟基羟酸及其盐类，有柠檬酸、酒石酸钾钠等，无机盐类有锌盐、硼酸盐等。此外，还有胺盐及其衍生物、纤维素醚等。

缓凝剂适用于要求延缓时间的施工中，如在气温高、运距长的情况下，可防止混凝土拌和物发生过早坍落度损失。又如分层浇筑的混凝土，为防止出现冷缝，也常加入缓凝剂。另外，在大体积混凝土中为了延长放热时间，也可掺入缓凝剂。

（六）防冻剂

防冻剂是掺加入混凝土后，能使其在负温下正常水化硬化，并在规定时间内硬化到一定程度，且不会产生冻害的外加剂。

利用不同成分的综合作用可以获得更好的混凝土抗冻性，因此，工程中常用的混凝土防冻剂往往采用多组分复合而成的防冻剂。其中防冻组分为氯盐类（如 $CaCl_2$、NaCl 等）；氯盐阻锈类（氯盐与亚硝酸钠、铬酸盐、磷酸盐等阻锈剂复合而成）；无氯盐类（硝酸盐、亚硝酸盐、碳酸盐、尿素、乙酸等）。减水、引气、早强等组分则分别采用与减水剂、引气剂和早强剂相近的成分。

应当指出的是，防冻剂的作用效果主要体现在对混凝土早期抗冻性的改善，其使用应慎重，特别应确保其对混凝土后期性能不会产生显著的不利影响。

（七）膨胀剂

掺加入混凝土中后能使其产生补偿收缩或膨胀的外加剂称为膨胀剂。

普通水泥混凝土硬化过程中的特点之一就是体积收缩，这种收缩会使其物理力学性能受到明显的影响。因此，通过化学的方法使其本身在硬化过程中产生体积膨胀，可以弥补其收缩的影响，从而改善混凝土的综合性能。

工程建设中常用的膨胀剂种类有硫铝酸钙类（如明矾石、UEA 膨胀剂等）、氧化钙类及氧化硫铝钙类等。

硫铝酸钙类膨胀剂加入混凝土中以后，其中的无水硫铝酸钙可产生水化并能与水泥水化产物反应，生成三硫型水化硫铝酸钙（钙矾石），使水泥石结构固相体积明显增加而导致宏观体积膨胀。氧化钙类膨胀剂的膨胀作用，主要是利用 CaO 水化生成 Ca（OH）$_2$ 晶体过程中体积增大的效果，而使混凝土产生结构密实或产生宏观体积膨胀。

（八）外加剂的使用要求

为了保证外加剂的使用效果，确保混凝土工程的质量，在使用外加剂时还应注意以下四个方面的问题：

一是掺量确定。外加剂品种选定后，需要慎重确定其掺量。掺量过小，往往达不到预期效果。掺量过大，可能会影响混凝土的其他性能，甚至造成严重的质量事故。在没有可靠资料供参考时，其最佳掺量应通过现场试验来确定。

二是掺入方法选择。外加剂的掺入方法往往对其作用效果具有较大的影响，因此，必须根据外加剂的特点及施工现场的具体情况来选择适宜的掺入方法。若将颗粒状态外加剂与其他固体物料直接投入搅拌机内的分散效果，一般不如混入或溶解于拌和水中的外加剂更容易分散。

三是施工工序质量控制。对掺有外加剂的混凝土应做好各施工工序的质量控制，尤其是对计量、搅拌、运输、浇筑等工序，必须严格加以要求。

四是材料保管。外加剂应按不同品种、规格、型号分别存放和严格管理，并有明显标志。尤其是对外观易与其他物质相混淆的无机物盐类外加剂（如 $CaCl_2$、Na_2SO_4、$NaNO_2$ 等）必须妥善保管，以免误食误用，造成中毒或不必要的经济损失。已经结块或沉淀的外加剂在使用前应进行必要的试验以确定其效果，并应进行适当的处理使其恢复均匀分散状态。

五、掺和料

混凝土掺和料是为了改善混凝土性能，节约用水，调节混凝土强度等级，在混凝土拌和时掺入天然的或人工的能改善混凝土性能的粉状矿物质。掺和料可分为活性掺和料和非活性掺和料。活性矿物掺和料本身不硬化或者硬化速度很慢，但能与水泥水化生成氧化钙起反应，生成具有胶凝能力的水化产物，如粉煤灰、粒化高炉矿渣粉、沸石粉、硅灰等；非活性矿物掺和料基本不与水泥组分起反应，如石灰石、磨细石英砂等材料。

常用的混凝土掺和料有粉煤灰、粒化高炉矿渣、火山灰类物质。尤其是粉煤灰、超细粒化电炉矿渣、硅灰等应用效果良好。

活性掺和料在掺有减水剂的情况下，能增加新拌混凝土的流动性、黏聚性、保水性，改善混凝土的可泵性，并能提高硬化混凝土的强度和耐久性。

通常使用的掺和料多为活性矿物掺和料。由于它能够改善混凝土拌和物的和易性，或能够提高混凝土硬化后的密实性、抗渗性和强度等，因此目前较多的土木工程中都或多或少地应用混凝土活性掺和料。特别是随着预拌混凝土、泵送混凝土技术的发展应用，以及环境保护的要求，混凝土掺和料的使用将愈加广泛。

第二节　混凝土的主要性质

混凝土的主要技术性质包括混凝土拌和物的和易性、凝结特性、硬化混凝土的强度、变形及耐久性。

一、混凝土拌和物的和易性

（一）和易性的意义

将粗细骨料、水泥和水等组分按适当比例配合，并经搅拌均匀而成的塑性混凝土混合材料称为混凝土拌和物。

和易性是指混凝土拌和物在一定施工条件下，便于操作并能获得质量均匀而密实的性能。和易性良好的混凝土在施工操作过程中应具有流动性好、不易产生分层离析或泌水现象等性能，以使其容易获得质量均匀、成型密实的混凝土结构。和易性是一项综合性指标，包括流动性、黏聚性及保水性三个方面的含义。

流动性是指新拌混凝土在自重或机械振捣力的作用下，能产生流动并均匀密实地充满模板的性能。流动性的大小在外观上表现为新拌混凝土的稀稠，直接影响其浇捣施工的难易和成型的质量。若新拌混凝土太干稠，则难以成型与捣实，且容易造成内部或表面孔洞等缺陷；若新拌混凝土过稀，经振捣后易出现水泥浆和水上浮而石子等颗粒下沉的分层离析现象，影响混凝土的质量均匀性。

黏聚性是混凝土拌和物中各种组成材料之间有较好的黏聚力，在运输和浇筑过程中，不致产生分层离析，使混凝土保持整体均匀的性能。黏聚性差的拌和物中水泥浆或砂浆与石子易分离，混凝土硬化后会出现蜂窝、麻面、空洞等不密实现象，严重影响混凝土的质量。

保水性是指混凝土拌和物保持水分，不易产生泌水的性能。保水性差的拌和物在浇筑的过程中，由于部分水分从混凝土内析出，形成渗水通道；浮在表面的水分，使上、下两混凝土浇筑层之间形成薄弱的夹层；部分水分还会停留在石子及钢筋的下面形成水隙，降低水泥浆与石子之间的胶结力。这些都将影响混凝土的密实性，从而降低混凝土的强度和耐久性。

（二）和易性的指标及测定方法

由于混凝土拌和物和易性的内涵比较复杂，尚无全面反映和易性的测定方法。根据现行国家标准《普通混凝土拌合物性能试验方法标准》（GB/T 50080—2016）规定，用坍落度和维勃稠度来定量地测定混凝土拌和物的流动性大小，并辅以直观经验来定性地判断或评定黏聚性和保水性。

坍落度的测定是将混凝土拌和物按规定的方法分 3 层装入坍落度筒中，如图 1-1 所示，每层插捣 25 次，抹平后将筒垂直提起，混凝土则在自重作用下坍落，用尺量测筒高与坍落后混凝土试体最高点之间的高度差（以 mm 计），即为坍落度。坍落度越大，表示混凝土拌和物的流动性越大。坍落度大于 10mm 的称为塑性混凝土，其中 10~30mm 的常称为低流动性混凝土；坍落度小于 10mm 的称为干硬性混凝土。混凝土在浇筑时的坍落度见表 1-6。

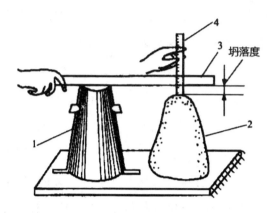

图 1-1　坍落度示意图

1—坍落度筒；2—混凝土；3—直尺；4—标尺

在测定坍落度的同时，应检查混凝土的黏聚性及保水性。黏聚性的检查方法是用捣棒在已坍落的拌和物锥体一侧轻打，若轻打时锥体渐渐下沉，表示黏聚性良好；如果锥体突然倒塌、部分崩裂或发生石子离析，则表示黏聚性不好。

表 1-6　混凝土在浇筑时的坍落度（单位：mm）

混凝土类别	坍落度
素混凝土	10~40
配筋率不超过 1% 的钢筋混凝土	30~60
配筋率超过 1% 的钢筋混凝土	50~90
泵送混凝土	140~220

注：在有温度控制要求或高、低温季节浇筑混凝土时，其坍落度可根据实际情况酌量增减。

保水性以混凝土拌和物中稀浆析出的程度评定。提起坍落度筒后，如有较多稀浆从低部析出，拌和物锥体因失浆而骨料外露，表示拌和物的保水性不好。如提起坍落筒后，无稀浆析出或仅有少量稀浆自底部析出，混凝土锥体含浆饱满，则表示混凝土拌和物保水性良好。

（三）影响混凝土拌和物和易性的因素

影响拌和物和易性的因素很多，主要有水泥浆含量、水泥浆的稀稠、含砂率的大小、原材料的种类及外加剂等。

1. 水泥浆含量的影响

在水泥浆稀稠不变，也即混凝土的水用量与水泥用量之比（水灰比）保持不变的条件下，单位体积混凝土内水泥浆含量越多，拌和物的流动性越大。拌和物中除必须有足够的水泥浆包裹骨料颗粒之外，还需要有足够的水泥浆以填充砂、石骨料的空隙并使骨料颗粒之间有足够厚度的润滑层，以减少骨料颗粒之间的摩阻力，使拌和物有一定流动性。但若水泥浆过多，骨料不能将水泥浆很好地保持在拌和物内，混凝土拌和物将会出现流浆、泌水现象，使拌和物的黏聚性及保水性变差。这不仅增加水泥用量，而且还会对混凝土强度及耐久性产生不利影响。因此，混凝土内水泥浆的含量，以使混凝土拌和物达到要求的流动性为准，不应任意加大。

在水灰比不变的条件下，水泥浆含量可用单位体积混凝土的加水量表示。因此，水泥浆含量对拌和物流动性的影响，实质上也是加水量的影响。当加水量增加时，拌和物流动性增大，反之则减小。在实际工程中，为增大拌和物的流动性而增加用水量时，必须保持水灰比不变，相应地增加水泥用量，否则将显著影响混凝土质量。

2. 含砂率的影响

混凝土含砂率（简称砂率）是指砂的用量占砂、石总用量（按质量计）的百分数。混凝土中的砂浆应包裹石子颗粒并填满石子空隙。砂率过小，砂浆量不足，不能在石子周围形成足够的砂浆润滑层，将降低拌和物的流动性。更主要的是严重影响混凝土拌和物的黏聚性及保水性，使石子分离、水泥浆流失，甚至出现溃散现象。砂率过大，石子含量相对过少，骨料的空隙及总表面积都较大，在水灰比及水泥用量一定的条件下，混凝土拌和物显得干稠，流动性显著降低；在保持混凝土流动性不变的条件下，会使混凝土的水泥浆用量显著增大。因此，混凝土含砂率不能过小，也不能过大，应取合理砂率。

合理砂率是在水灰比及水泥用量一定的条件下，使混凝土拌和物保持良好的黏聚性和保水性并获得最大流动性的含砂率。也即在水灰比一定的条件下，当混凝土拌和物达到要求的流动性，而且具有良好的黏聚性及保水性时，水泥用量最省的含砂率。

3. 水泥浆稀稠的影响

在水泥品种一定的条件下，水泥浆的稀稠取决于水灰比的大小。当水灰比较小时，水泥浆较稠，拌和物的黏聚性较好，泌水较少，但流动性较小；相反，水灰比较大时，拌和物流动性较大但黏聚性较差，泌水较多。当水灰比小至某一极限值以下时，拌和物过于干稠，在一般施工方法下混凝土不能被浇筑密实。当水灰比大于某一极限值时，拌和物将产生严重的离析、泌水现象，影响混凝土质量。因此，为了使混凝土拌和物能够成型密实，所采用的水灰比值不能过小，为了保证混凝土拌和物具有良好的黏聚性，所采用的水灰比值又不能过大。普通混凝土常用水灰比一般在 0.40~0.75 范围内。在常用水灰比范围内，当混凝土中用水量一定时，水灰比在小的范围内变动对混凝土流动性的影响不大，这称为"需水量定则"或"恒定用水量定则"。其原因是，当水灰比较小时，虽然水泥浆较稠，混凝土流动性较小，但黏聚性较好，可采用较小的砂率值。这样，由于含砂率减小而增大的流动性可补偿由于水泥浆较稠而减少的流动性。当水灰比较大时，为了保证拌和物的黏聚性，须采用较大的砂率值。这样，水泥浆较稀所增大的流动性将被含砂率增大而减小的流动性所抵消。因此，当混凝土单位用水量一定时，水泥用量在 50~100kg/m³ 之间变动时，混凝土的流动性将基本不变。

4. 其他因素的影响

除上述影响因素外，拌和物和易性还受水泥品种、掺和料品种及掺量、骨料种类、粒形及级配、混凝土外加剂，以及混凝土搅拌工艺和环境温度等条件的影响。

水泥需水量大者，拌和物流动性较小，使用矿渣水泥时，混凝土保水性较差。使用火山灰水泥时，混凝土黏聚性较好，但流动性较小。

掺和料的品质及掺量对拌和物的和易性有很大影响，当掺入优质粉煤灰时，可改善拌和物的和易性。掺入质量较差的粉煤灰时，往往使拌和物流动性降低。

粗骨料的颗粒较大、粒形较圆、表面光滑、级配较好时，拌和物流动性较大。使用粗砂时，拌和物黏聚性及保水性较差；使用细砂及特细砂时，混凝土流动性较小。混凝土中掺入某些外加剂，可显著改善拌和物的和易性。

拌和物的流动性还受气温高低、搅拌工艺、搅拌后拌和物停置时间的长短等施工条件影响。对于掺用外加剂及掺和料的混凝土，这些施工因素的影响更为显著。

（四）混凝土拌和物和易性的选择

工程中选择新拌混凝土和易性时，应根据施工方法、结构构件截面尺寸大小、配筋疏密等条件，并参考有关资料及经验等来确定。对截面尺寸较小、配筋复杂的构件，或采用人工插捣时，应选择较大的坍落度；反之，对无筋厚大结构、钢筋配置稀疏易于施工的结构，尽可能选用较小的坍落度。

正确选择新拌混凝土的坍落度，对于保证混凝土的施工质量及节约水泥具有重要意义。在选择坍落度时，原则上应在不妨碍施工操作并能保证振捣密实的条件下，尽可能采用较小的坍落度，以节约水泥并获得质量较好的混凝土。

二、混凝土的强度

混凝土的强度包括抗压强度、抗拉强度、抗弯强度和抗剪强度等，其中抗压强度最大，故混凝土主要用来承受压力。

（一）混凝土的抗压强度

1. 混凝土的立方体抗压强度与强度等级

按照现行国家标准《普通混凝土力学性能试验方法标准》，制作边长为150mm 的立方体试件，在标准养护［温度（20±2）℃、相对湿度95%以上］条件下，养护至28d龄期，用标准试验方法测得的极限抗压强度，称为混凝土标准立方体抗压强度，以 f_{cu} 表示。

按照现行国家标准《混凝土结构设计规范》（GB 50010—2010）的规定，在立方体极限抗压强度总体分布中，具有95%强度保证率的立方体试件抗压强度，称为混凝土立方体抗压强度标准值（以 MPa 即 N/mm^2 计），以 $f_{cu,k}$ 表示。立方体抗压强度标准值是按数据统计处理方法达到规定保证率的某一数值，它不同于立方体试件抗压强度。

混凝土强度等级是按混凝土立方体抗压强度标准值来划分的，采用符号 C 和立方体抗压强度标准值表示，可划分为 C15、C20、C25、C30、C35、C40、C45、C50、C55、C60、C65、C70、C75、C80 等 14 个等级。例如强度等级为 C25 的混凝土，是指 25 MPa ≤ $f_{cu,k}$ <30 MPa 的混凝土。素混凝土结构的混凝土强度等级不应低于 C15；钢筋混凝土结构的混凝土强度等级不应低于 C20；采用强度级别 400 MPa 及以上的钢筋时，混凝土强度等级不应低于 C25；承受重复荷载的钢筋混凝土构件，混凝土强度等级不应低于 C30；预应力混凝土结构的混凝土强度等级不宜低于 C40，且不应低于 C30。

测定混凝土立方体试件抗压强度，也可以按粗骨料最大粒径的尺寸选用不同的试件尺寸。但在计算其抗压强度时，应乘以换算系数，以得到相当于标准试件的试验结果。选用边长为 100 mm 的立方体试件，换算系数为 0.95，边长为 200 mm 的立方体试件，换算系数为 1.05。

采用标准试验方法在标准条件下测定混凝土的强度是为了使不同地区不同时间的混凝土具有可比性。在实际的混凝土工程中，为了说明某一工程中混凝土实际达到的强度，常把试块放在与该工程相同的环境养护（简称同条件养护）按需要的龄期进行测试，作为现场混凝土质量控制的依据。

2. 混凝土棱柱体抗压强度

按棱柱体抗压强度的标准试验方法，制成边长为 150 mm×150 mm×300 mm 的标准试件，在标准条件养护 28 d，测其抗压强度，即为棱柱体的抗压强度（f_{ck}），通过实验分析，$f_{ck} \approx 0.67 f_{cu,k}$。

3. 影响混凝土抗压强度的因素

影响混凝土抗压强度的因素很多，包括原材料的质量（只要是水泥强度等级和骨料品种）、材料之间的比例关系（水灰比、灰水比、骨料级配）、施工方法（拌和、运输、浇筑、养护），以及试验条件（龄期、试件形状与尺寸、试验方法、湿度及温度）等。

（1）水泥强度等级和水胶比

胶凝材料是混凝土中的活性组分，其强度的大小直接影响着混凝土强度的高低。在配合比相同的条件下，所用的胶凝材料所用的水泥强度等级越高，配制的混凝土强度也越高，当用同一种水泥（品种及强度等级相同）时，混凝土的强度主要取决于水胶比，水胶比越大，混凝土的强度越低。这是因为水泥水化时所需的化学结合水，一般只占水泥质量的23%左右，但在实际拌制混凝土时，为了获得必要的流动性，常需要加入较多的水（占水泥质量的40%~70%）。多余的水分残留在混凝土中形成水泡，蒸发后形成气孔，使混凝土密实度降低，强度下降。水胶比大，则水泥浆稀，硬化后的水泥石与骨料黏结力差，混凝土的强度也越低。但是，如果水胶比过小，拌和物过于干硬，在一定的捣实成型条件下，无法保证浇筑质量，混凝土中将出现较多的蜂窝、孔洞，强度也将下降。试验证明，混凝土强度随水灰比（水与水泥的比值）的增大而降低，呈曲线关系，混凝土强度和灰水比（水泥与水的比值）的关系，则呈直线关系。

应用数理统计方法，水泥的强度、水灰比、混凝土强度之间的线性关系也可用以下经验公式（强度公式）表示：

$$f_{cu} = a_a \cdot f_{ce}(C/W - a_b)$$

式中：f_{cu}——28d混凝土立方体抗压强度，MPa；

f_{ce}——28d水泥抗压强度实测值，MPa；

a_a、a_b——回归系数，与骨料品种、水泥品种等因素有关；

C/W——灰水比。

强度公式适用于流动性混凝土和低流动性混凝土，不适用于干硬性混凝土。对流动性混凝土而言，只有在原材料相同、工艺措施相同的条件下 a_a、a_b 才可视为常数。因此，必须结合工地的具体条件，如施工方法及材料的质量等，进行不同水灰比的混凝土强度试验，求出符合当地实际情况的 a_a、a_b，这样既能保证混凝土的质量，又能取得较好的经济效果。若无试验条件，可按现行行业标准《普通混凝土配合比设计规程》（JGJ 55—2011）提供的经验数值：采用碎石时，$a_a = 0.46$，$a_b = 0.07$；采用卵石时，$a_a = 0.48$，$a_b = 0.33$。

（2）骨料的种类与级配

骨料中有害杂质过多且品质低劣时，将降低混凝土的强度。骨料表面粗糙，则与水泥石黏结力较大，混凝土强度高。骨料级配良好、砂率适当，能组成密实的骨架，混凝土强度也较高。

（3）混凝土外加剂与掺和料

在混凝土中掺入早强剂可提高混凝土早期强度；掺入减水剂可提高混凝土强度；掺入一些掺和料可配制高强度混凝土。

（4）养护温度和温度

混凝土浇筑成型后，所处的环境温度对混凝土的强度影响很大。混凝土的硬化，在于水泥的水化作用，周围温度升高，水泥水化速度加快，混凝土强度发展也就加快。反之，温度降低时，水泥水化速度降低，混凝土强度发展将相应迟缓。当温度降至冰点以下时，混凝土的强度停止发展，并且由于孔隙内水分结冰而引起膨胀，使混凝土的内部结构遭受破坏。混凝土早期强度低，更容易冻坏。湿度适当时，水泥水化能顺利进行，混凝土强度得到充分发展。如果湿度不够，会影响水泥水化作用的正常进行，甚至停止水化。这不仅严重降低混凝土的强度，而且水化作用未能完成，使混凝土结构疏松，渗水性增大，或形成干缩裂缝，从而影响其耐久性。

因此，混凝土成型后一定时间内必须保持周围环境有一定的温度和湿度，使水泥充分水化，以保证获得较好质量的混凝土。

（5）硬化龄期

混凝土在正常养护条件下，其强度将随着龄期的增长而增长。最初 7~14 d 内，强度增长较快，28 d 达到设计强度。以后增长缓慢，但若保持足够的温度和湿度，强度的增长将延续几十年。普通水泥制成的混凝土，在标准条件下，混凝土强度的发展大致与其龄期的对数成正比关系（龄期不小于 3 d）。

（6）施工工艺

混凝土的施工工艺包括配料、拌和、运输、浇筑、养护等工序，每一道工序对其质量都有影响。若配料不准确，误差过大、搅拌不均匀、拌和物运输过程中产生离析、振捣不密实、养护不充分等均会降低混凝土强度。因此，在施工过程中，一定要严格遵守施工规范，确保混凝土的强度。

（二）混凝土的抗拉强度

混凝土在直接受拉时，很小的变形就会开裂，它在断裂前没有残余变形，是一种脆性破坏。混凝土的抗拉强度一般为抗压强度的 1/20～1/10。我国采用立方体（国际上多用圆柱体）的劈裂抗拉试验来测定混凝土的抗拉强度，称为劈裂抗拉强度，抗拉强度对于开裂现象有重要意义，在结构设计中抗拉强度是确定混凝土抗裂度的重要指标。对于某些工程（如混凝土路面、水槽、拱坝），在对混凝土提出抗压强度要求的同时，还应提出抗拉强度要求。

三、混凝土的抗裂性

（一）混凝土的裂缝

混凝土的开裂主要是由于混凝土中拉应力超过了抗拉强度，或者说是由于拉伸应变达到或超过了极限拉伸值而引起的。

混凝土的干缩、降温冷缩及自身体积收缩等收缩变形，受到基础及周围环境的约束时（称此收缩为限制收缩），在混凝土内引起拉应力，并可能引起混凝土的裂缝。如配筋较多的大尺寸板梁结构、与基础嵌固很牢的路面或建筑物底板、在老混凝土间填充的新混凝土等。混凝土内部温度升高或因膨胀剂作用，使混凝土产生膨胀变形。当膨胀变形受外界约束时（称此变形为自由膨胀），也会引起混凝土裂缝。

大体积混凝土发生裂缝的原因有干缩性和温度应力两方面，其中温度应力是最主要的因素。在混凝土浇筑初期，水泥水化放热，使混凝土内部温度升高，产生内表温差，在混凝土表面产生拉应力，导致表面裂缝，当气温骤降时，这种裂缝更易发生。在硬化后期，混凝土温度逐渐降低而发生收缩，此时混凝土若受到基础环境的约束，会产生深层裂缝。

此外，结构物受荷过大或施工方法欠合理，以及结构物基础不均匀沉陷等都可能导致混凝土开裂。

为防止混凝土结构的裂缝，除应选择合理的结构型式及施工方法，以减小或消除引起裂缝的应力或应变外，还采用抗裂性较好的混凝土。采用补偿收缩混凝土，以抵消有害的收缩变形，也是防止裂缝的重要途径。

（二）提高混凝土抗裂性的主要措施

1. 选择适当的水泥品种

火山灰水泥干缩率大，对混凝土抗裂不利。粉煤灰水泥水化热低、干缩较小、抗裂性较好。选用 C_3S 及 C_3A 含量较低、C_2S 及 CAF 含量较高或早期强度稍低后期强度增长率高的硅酸盐水泥或普通水泥时，混凝土的弹性模量较低、极限拉伸值较大，有利于提高混凝土抗裂性。

2. 选择适当的水灰比

水灰比过大的混凝土，强度等级较低，极限拉伸值过小，抗裂性较差；水灰比过小，水泥用量过多，混凝土发热量过大，干缩率增大，抗裂性也会降低。因此，对于大体积混凝土，应取适当强度等级且发热量低的混凝土。对于钢筋混凝土结构，提高混凝土极限拉伸值可以增大结构抗裂度，故混凝土强度等级不应过低。

3. 可用多棱角的石灰岩碎石及人工砂做混凝土骨料

采用碎石骨料与采用天然河卵石骨料相比，可使混凝土极限拉伸值显著提高。

4. 掺入适当优质粉煤灰或硅粉

混凝土中采用超量取代办法掺入适量粉煤灰时，水灰比随之减小，混凝土极限拉伸可提高，有利于提高混凝土抗裂性。在水灰比不变的条件下，采用等量取代法掺入适量优质粉煤灰时，混凝土的极限拉伸值虽然有一些下降，但其发热量显著减少。试验证明，当掺量适当时，混凝土的抗裂性也会提高。

混凝土中掺入适量硅粉，可显著提高混凝土抗拉强度及极限拉伸值，且混凝土发热量基本不变，故可显著提高混凝土抗裂性。

5. 掺入减水剂及引气剂

在混凝土强度不变的条件下，掺入减水剂及引气剂，可减少混凝土水泥用量，并可改善混凝土的结构，从而显著提高混凝土极限拉伸值。

6. 加强质量控制，提高混凝土均匀性

调查研究发现，混凝土均质性越差，建筑物裂缝发生率越高。故加强质量管理，减少混凝土离差系数，可提高抗裂性。

7. 加强养护

充分保温或水中养护混凝土可减缓混凝土干缩，并可提高极限拉伸，故可提高混凝土抗裂性。对于掺有粉煤灰的混凝土和早期强度增长较慢的混凝土，更应加强养护。对于大体积混凝土，用保温材料对混凝土进行表面保护，可有效地防止混凝土浇筑初期发生的表面裂缝。

四、混凝土的耐久性

硬化后的混凝土除了具有设计要求的强度外，还应具有与所处环境相适应的耐久性，混凝土的耐久性是指混凝土抵抗环境条件的长期作用，并保持其稳定良好的使用性能和外观完整性，从而维持混凝土结构安全、正常使用的能力。

因为结构的强度牵涉到安全性，所以在混凝土结构设计中十分重视混凝土的强度，而往往忽视环境对结构耐久性的影响。然而现实却为我们敲响了警钟，从以往混凝土结构物破坏情况来看，有许多在尚未达到预计使用寿命之前就出现了严重的性能劣化而影响了正常使用，从而需要付出巨额代价来维护或维修，或提前拆除报废。因此，近年来混凝土结构的耐久性及耐久性设计受到普遍关注。

混凝土结构耐久性设计的目标就是保证混凝土结构在规定的使用年限内，在常规的维修条件下，不出现混凝土劣化、钢筋锈蚀等影响结构正常使用和外观的损坏。它涉及混凝土工程的造价、维护费用和使用年限等问题，因此，在设计混凝土结构时，强度与耐久性必须同时予以关注。耐久性良好的混凝土，对延长结构使用寿命、减少维修保养工作量、提高经济效益和社会效益等具有十分重要的意义。

混凝土的耐久性是一个综合性概念，包括抗渗、抗冻、抗侵蚀、抗碳化、抗磨性、抗碱骨料反应等性能。

（一）混凝土的抗渗性

抗渗性是指混凝土抵抗压力水、油等液体渗透的性能。混凝土的抗渗性主要与其密实度及内部孔隙的大小和构造有关。

混凝土的抗渗性用抗渗等级（P）表示，即以 28 d 龄期的标准试件，按标准试验方法进行试验时所能承受的最大水压力（MPa）来确定。混凝土的抗渗等级可划分为 P2、P4、P6、P8、P10、P126 个等级，相应表示混凝土抗渗试验时一组 6 个试件中 4 个试件未出现渗水时的最大水压力分别为 0.2 MPa、0.4 MPa，0.6 MPa、0.8 MPa、1.0 MPa、1.2 MPa。

提高混凝土抗渗性能的措施有以下方面：提高混凝土的密实度，改善孔隙构造，减少渗水通道；减小水灰比；掺加引气剂；选用适当品种的水泥；注意振捣密实、养护充分等。

水工混凝土的抗渗等级，应根据结构所承受的水压力大小和结构类型及运用条件按有关混凝土结构设计规范选用。

（二）混凝土的抗冻性

混凝土的抗冻性是指混凝土在水饱和状态下能经受多次冻融循环而不破坏，同时强度也不严重降低的性能。混凝土受冻后，混凝土中水分受冻结冰，体积膨胀，当膨胀力超过其抗拉强度时，混凝土将产生微细裂缝，反复冻融使裂缝不断扩展，混凝土强度降低甚至破坏，影响建筑物的安全。

混凝土的抗冻性以抗冻等级（F）表示。抗冻等级按 28 d 龄期的试件用快冻试验方法测定，分为 F50、F100、F150、F200、F300、F400 六个等级，相应表示混凝土抗冻性试验能经受 50、100、150、200、300、400 次的冻融循环。

影响混凝土抗冻性能的因素主要有水泥品种、强度等级、水灰比、骨料的品质等。提高混凝土抗冻性的最主要的措施是：提高混凝土密实度；减小水灰比；掺加外加剂；严格控制施工质量，注意捣实，加强养护等。

混凝土抗冻等级应根据工程所处环境及工作条件，按有关混凝土结构设计规范选择。

（三）混凝土的抗侵蚀性

混凝土在外界侵蚀性介质（软水，含酸、盐水等）作用下，结构受到破坏、强度降低的现象称为混凝土的侵蚀。混凝土侵蚀的原因主要是外界侵蚀性介质对水泥石中的某些成分（氢氧化钙、水化铝酸钙等）产生破坏作用。

（四）混凝土的抗磨性及抗气蚀性

磨损冲击与气蚀破坏，是水工建筑物常见的病害之一。当高速水流中挟带砂、石等磨损介质时，这种现象更为严重。采取掺入适量的硅粉和高效减水剂以及适量的钢纤维、采用强度等级 C50 以上的混凝土、改善建筑物的体型、控制和处理建筑物表面的不平整度等措施，可提高混凝土的抗磨性。

（五）混凝土的碳化

混凝土的碳化作用是空气中二氧化碳与水泥石中的氢氧化钙作用，生成碳酸钙和水。碳化过程是二氧化碳由表及里向混凝土内部逐渐扩散的过程。在硬化混凝土的孔隙中，充满了饱和氢氧化钙溶液，使钢筋表面产生一层难溶的三氧化二铁和四氧化三铁薄膜，它能防止钢筋锈蚀。碳化引起水泥石化学组成发生变化，使混凝土碱度降低，减弱了对钢筋的保护作用导致钢筋锈蚀；碳化还将显著增加混凝土的收缩，降低混凝土抗拉、抗弯强度，但碳化可使混凝土的抗压强度增大。其原因是碳化放出的水分有助于水泥的水化作用，而且碳酸钙减少了水泥石内部的孔隙。

提高混凝土抗碳化能力的措施有：减小水灰比；掺入减水剂或引气剂；保证混凝土保护层的厚度及质量；充分湿养护等。

（六）混凝土的碱骨料反应

混凝土的碱骨料反应，是指水泥中的碱（Na_2O 和 K_2O）与骨料中的活性 SiO_2 发生反应，使混凝土发生不均匀膨胀，造成裂缝、强度下降等不良现象，从而威胁建筑物安全。常见的有碱—氧化硅反应、碱—硅酸盐反应、碱—碳酸盐反应三种类型。

防止碱骨料反应的措施有：采用低碱水泥（Na_2O 含量小于 0.6%）并限制混凝土总碱量不超过 2.0~3.0 kg/m^3；掺入活性混合料；掺用引气剂和不用含二氧化硅活性的骨料；保证混凝土密实性和重视建筑物排水，避免混凝土表面积水和接缝存水。

第三节　预拌混凝土企业试验室管理

一、预拌混凝土企业试验室管理概述

随着国家农村改造及城市的革新和大规模基础设施的建设，对预拌混凝土的需求量逐年提高。预拌混凝土厂家日益增多的同时，也暴露出了许多问题，尤其是混凝土的质量问题。预拌混凝土企业试验室作为企业的技术部门和质量控制部门，对混凝土的质量控制起着决定性的作用。预拌混凝土企业试验室除完成日常的试验检测、资料整理、报告签发等任务外，还须对混凝土的生产、运输、浇筑、养护等全过程进行直接或间接控制，需要参与合同评审，技术交底，原材料的选择，进厂验收，混凝土配合比的设计、试配及确定，混凝土生产配合比的选定、调整，混凝土搅拌参数的制定，还包括施工现场的技术沟通，对浇筑、养护情况的建议，对工程质量问题的调查分析等。可以说，对内和每个部门均有联系，贯穿于整个生产活动中；对外，是预拌混凝土企业的技术交流和质量管理的代表。所以，加强预拌混凝土企业的管理，对促进预拌混凝土企业产品质量的提高、保证建筑工程的质量安全具有十分重要的意义。

二、预拌混凝土企业试验室的特点

预拌混凝土企业试验室一般作为预拌混凝土企业的质量控制部门，首先须完成的是企业的试验检测工作，同时应根据检测结果向施工单位提供与混凝土相关的质量检测数据，作为本企业预拌混凝土质量合格的依据，满足工程验收的要求。因此，试验室必须获得企业的授权委托，保证检测工作的独立进行，不受其他经济、社会因素的干扰，保证其试验数据的真实性和公正性，同时预拌混凝土企业试验室满足开展工作的要求，并接受建设监督管理部门的监督。

预拌混凝土企业试验室作为预拌混凝土企业的质量控制部门，对产品的质量和企业成本控制起着至关重要的作用。对试验室的质量控制工作，可用三句话来概括，即"不进不良品，不产不良品，不出不良品"。也就是说，试验室的质量控制工作贯穿于整个生产活动中。试验室管理及工作流程与企业的效益密不可分。只有对试验室进行有效、科学、规范的管理，才能达到保证混凝土质量、降低生产成本、提高企业效益的目的。

三、预拌混凝土企业试验室的管理要求

（一）仪器设备

1. 仪器设备的配备

试验室仪器设备的配备，应结合检测工作的实际需要来进行。对于使用频繁和生产关系较紧密的试验设备必须配备，如水泥的净浆搅拌机、维卡仪、胶砂搅拌机、振实台、抗折试验机、压力机等。但对于一些检测效率不高的项目，如混凝土抗折强度、粉煤灰的游离氧化钙等，可以考虑委托专业检测机构进行试验。另外，预拌混凝土企业试验室更多面对的是产品的物理性能，如抗压强度、抗折强度、抗渗性能、抗冻性能、收缩等，因而一些比较专业且对试验精度要求较高的化学分析试验，如氯离子含量、碱含量等，可以考虑委托专门检验机构进行试验。这样既保证了试验结果的准确性（因为预拌混凝土试验员的培训也是集中于物理性能方面的试验，很少有专门的化学分析试验相关人员），也可以降低试验设备购置、检定和保养的成本。总之，试验室应根据自身情况合理配备仪器设备。

2. 仪器设备的管理

（1）仪器设备的布置和使用

仪器设备的布置应结合试验室的整体布置。如水泥试验相关仪器应集中于水

泥室，以方便试验；对环境要求较高的精密仪器，应远离震动和噪声较大的仪器并避免无关人员接触；对于高温仪器，如烘箱、沸煮箱、高温炉等，应考虑其通风散热且注意对其他设备的影响；对于需要经常使用和清洗的设备，如搅拌机，应就近水源并应有沉淀收集池。

仪器设备的使用应由专人操作。操作人员应熟悉设备的操作方法、适用范围等，仪器设备的使用方法应放置在明显位置，对于仪器设备的使用，应做好记录。在试验过程中发生的异常情况要及时处理。一些需要常开的设备，如养护室、恒温恒湿养护箱等，应每天记录其工作状态，并及时补水，避免设备空转烧坏。

（2）仪器设备的检定、维护

仪器设备本身的准确度直接影响到试验数据的准确性。只有严格按照周期由法定技术监督部门对其进行计量检定，才能保证设备的准确度和精确度，从而保证检测工作的质量。对于仪器设备的检定周期都有相关规定，在此就不详述了。需要注意的一点是，除对仪器设备的检定外，对于一些工具也需要检定，如量筒、直尺、温度计等。还有包括试模的垂直度、平整度等的自检也很重要，因为这些也直接影响了检测工作的准确性，有时候往往因为这些细节的疏忽造成了检测工作的失误。

仪器设备的日常维护应遵循"谁使用，谁维护"的原则，同时应制订保养计划，定期对设备进行保养。一般应在年底对设备进行集中保养，并可由企业相关部门的机修人员来协助完成，通过维护和保养来提高设备的使用寿命。

（二）人员配备

鉴于预拌混凝土企业试验室的特殊性，人员的配备不仅要满足监测工作的需要，还必须满足企业连续生产的需要。所以，一般试验室的人员分为试验员和质检员两部分。试验员的配备应满足建设行政主管部门的要求，一般来说，二级资质企业试验室的试验员不少于8人，三级资质企业试验室的试验员不少于5人。质检员可以由试验员兼任或设置专门的质检人员。无论采取哪种方法，都应满足连续生产的需要。

1. 人员的素质

试验室主任应具有相关专业中级以上职称，二级资质企业试验室主任应具有5年以上从事建材检测及预拌混凝土生产的工作经历，三级资质企业试验室主任应具有3年以上从事建材检测及预拌混凝土生产的工作经历。技术负责人、试验室主任、试验员均应通过相关培训，并持证上岗。专职质检员应通过企业培训，并掌握预拌混凝土的基础知识。

2. 人员的分工

试验室人员的分工应遵循"一专多能"的原则，即每个岗位都要有专人负责，同时其他人员也应熟悉该岗位的工作流程和操作规程。试验室的具体岗位有技术负责人、主任、试验员、资料员、样品保管员、设备管理员等。试验员的分工应保证每一检测项目有专人负责，在力所能及的情况下，可以安排一人负责多项检测项目。可以由负责该检测项目的试验员负责相应的设备、样品的管理。资料的汇总和发放、留存应有专人负责。

3. 人员的培训、考核

作为预拌混凝土的核心技术部门，试验员的技术能力和综合素质对产品的质量控制影响重大，所以除在招聘时注意人员素质外，还应对其进行持续培训和考核。

培训考核的内容包括：

（1）加强对质量意识的培训。在建站初期，往往都对质量特别重视，但是随着时间的推移，原材料逐渐稳定，生产控制过程越来越程序化，人的惰性和侥幸心理逐渐滋生，在质量控制的某些环节上可能比较放松，从而给产品质量留下隐患，这就需要我们注意加强质量意识的培训教育，还可以结合一些质量事故展开分析讨论，找出其发生的原因，从而避免重复出现此类问题。

（2）开展技术质量分析会议，了解有关预拌混凝土的新知识、新材料、新技术，提高技术人员的创新和技术攻关能力。

（3）组织试验员参加新标准、新规范的学习。近年来，混凝土相关标准、规范的更新速度较快，须关注相关动态，及时收集资料，组织学习。

（4）对现场沟通和处理问题能力的培养。作为质量控制的全过程，现场交货也是个重要环节，作为公司的技术员，必须做好与现场的技术沟通，同时提高处理现场问题的能力。

（5）人员的安全培训。试验室的设备较多，应特别注意防止触电、机械伤害等。在搬运放置试块时，要注意防止掉落砸伤。在施工现场要戴安全帽，注意观察周围情况，保证人身安全。

（6）人员的考核。除对试验员的知识、技能等进行考核外，更主要的是对其责任心和工作态度的考核。对于不能安心在试验室工作的须及早清退，避免成为其他企业的免费人才培训基地。

（三）预拌混凝土企业试验室工作内容及流程

1. 原材料检测

作为产品质量控制的第一关，原材料的质量直接决定着产品的质量。预拌混凝土的主要原材料包括水泥、粉煤灰、矿粉、外加剂、砂子、石子等。其中，对混凝土质量性能影响较为明显的有水泥强度、粉煤灰细度、矿粉的活性指数，外加剂的减水率及水泥、粉煤灰、矿粉与外加剂的适应性，砂、石的颗粒级配、含泥量、砂子的细度模数等。由于进行这些检测项目的检测时间不同步，因而应采取不同的控制流程。

（1）砂、石的颗粒级配、含泥量、泥块含量及砂子的细度模数。这些试验在48 h 内均可以完成，且有经验的试验员可以对其进行目测，因而砂、石可做到每车必检，目测不合格的直接退回，目测合格的方可卸至料场，然后按标准规定批次进行检测。

（2）粉煤灰的细度、外加剂的适应性都可以在较短的时间内完成试验。所以，这两项也应该每车必检，检验合格后方可卸料，同时按标准规定批次进行其他项目的检验。

（3）水泥强度须经 3 d、28 d 才可以得出结论，明显不可能在完成试验后再使用。在初次使用某种水泥时，必须完成安定性、凝结时间及 3 d、28 d 强度试验，且注意积累其 3 d、28 d 强度的相关数据。对连续使用的、生产质量较为稳定的水泥，可以根据其材料证明文件，并按标准规定批次完成安定性及凝结时间试验后再投入使用，同时做好其强度试验和根据工程需要进行的其他项目的检验，这样既保证了生产的连续性需要，又可以控制水泥质量。

（4）矿粉一般以其比表面积进行控制，可以做到每车必检，合格后方准卸料，同时按标准规定批次进行活性指数等其他项目的检验。对于初次使用的矿粉，必须在其 7 d 及 28 d 活性指数合格后方可使用。

2. 配合比控制

（1）试验室配合比设计。试验室应根据原材料情况、混凝土强度等级、施工方法、耐久性要求、施工季节等因素进行试验室的配合比设计。配合比设计应满足《普通混凝土配合比设计规程》等相关规范要求，在设计时应保留足够的富裕强度，在满足各项质量性能的前提下，尽可能降低成本。

（2）生产配合比调整。在每次生产前，应根据砂、石含水情况进行相应调整，目前由于砂中小石子含量较多，还须根据砂中含石量情况，对砂率进行调整。在生产过程中应随时观察混凝土情况，并对混凝土配合比进行相应的调整。

3. 生产施工过程控制

（1）在预拌混凝土生产过程中，由试验室协同企业其他部门进行质量控制。主要包括生产计量设备的确认、混凝土配合比的使用、原材料计量误差的监控、混凝土的取样检测及样品留置等。由于原材料的匀质性问题，应随时根据变动情况及技术储备进行相应调整，以确保混凝土质量。

（2）由于预拌混凝土产品的特殊性，即到达工地后须经浇筑、振捣成型、保湿养护后才能成为最终的建筑产品，因此现场混凝土的质量受很多因素影响，如浇筑时的施工条件，现场的温度、湿度，浇筑后的养护情况及用于评价现场混凝土质量的试块的留置养护、试验情况等。为减少上述影响，在混凝土施工过程中，试验室应组织技术人员与施工方做好技术沟通。对于特殊混凝土或重要工程，在浇筑前应提前制订混凝土供应方案，对现场施工过程中涉及影响混凝土质量的环节做好技术建议，在现场施工发现问题时应及时向施工方反映并做好记录。

4. 质量分析及技术资料整理

（1）对于原材料、配合比及生产施工过程的控制属于事前、事中控制，其效果如何，须根据试验室所留置的试块检测结果，结合工程实体质量进行评价。评价方法主要是采用统计分析方法，依据《混凝土强度检验评定标准》对各强度等级的混凝土进行评定，然后根据评定结果确定企业的生产控制水平，进而对混凝土配合比进行优化设计，使混凝土配合比既能保证质量，又经济合理。

（2）资料管理包括内部试验资料、工作记录及对外发放的混凝土质量证明资料，其工作量比较大，因而需要安排专人对资料定期及时收集。内部试验资料应按日期、类别分类整理，对外发放的资料按工程、日期进行分类整理，并按规定的年限保存，以备查找。

第二章 混凝土工程施工

第一节　混凝土的配料和制备

一、配合比的设计要求及资料准备

在施工过程中，不同结构部位对混凝土的要求各不相同，不同要求的混凝土应分别进行配合比设计。

配合比的表示方法一般有两种：一种是单位用量表示法，即以每立方米混凝土中各种材料的用量表示（如水泥∶水∶砂子∶石子＝330 kg∶150 kg∶706 kg∶1356 kg）；另一种方法是相对用量表示法，即以水泥的质量为1，并按水泥∶砂子∶石子∶水灰比的顺序排列表示（如1∶2.14∶3.82∶0.45）。

（一）配合比设计要求

配合比设计应满足施工所要求的和易性。

配合比设计应满足混凝土的强度要求。

配合比设计应满足混凝土的耐久性、抗渗、抗冻、抗腐蚀等方面的要求。

在保证混凝土质量的前提下，应尽量节约水泥，降低工程成本。

（二）混凝土配合比设计的资料准备

了解设计要求的混凝土等级，以便确定混凝土配制强度。

了解工程所处环境对混凝土耐久性的要求，从而确定配制混凝土的最大水灰比和最小水泥用量。

了解结构断面尺寸及钢筋配置情况，以便确定骨料的最大粒径。

了解混凝土施工方法及管理水平，以便合理选择拌和物坍落度及骨料的最大粒径。

掌握原材料的性能指标。

二、配合比设计方法及步骤

(一) 混凝土配制强度 ($f_{cu,0}$) 的确定

1. 当混凝土的设计强度等级小于 C60 时，配制强度应按下式确定：

$$f_{cu,0} \geq f_{cu,k} + 1.645\sigma$$

式中：$f_{cu,0}$——混凝土配制强度（MPa）；

$f_{cu,k}$——混凝土立方体抗压强度标准值，这里取混凝土的设计强度等级值（MPa）；

σ——混凝土强度标准差（MPa）。

混凝土强度标准差 σ 与混凝土生产质量水平有关，可以按试验方法计算求得，也可根据统计资料按规定取用。

2. 当混凝土的设计强度等级不小于 C60 时，配制强度应按下式确定：

$$f_{cu,0} \geq 1.15 f_{cu,k}$$

(二) 计算水灰比

混凝土的水灰比一般按下式计算：

$$W/C = \frac{\alpha_a f_b}{f_{cu,0} + \alpha_a \alpha_b f_b}$$

式中：W/C——混凝土水灰比；

f_b——胶凝材料 28 d 胶砂抗压强度（MPa）；

$f_{cu,0}$——混凝土 28 d 龄期的配制强度（MPa）；

$\alpha_a \alpha_b$——回归系数，回归系数可根据工程所用的原材料，通过实验建立的水灰比与混凝土强度关系式确定。当不具备实验统计资料时，可按《普通混凝土力学性能试验方法标准》的相关规定选用。

当胶凝材料 28 d 胶砂抗压强度值（f_b）可实测时，其实验方法应按国家标准《水泥胶砂强度检验方法（ISO 法）》执行；当 f_b 无法实测时，可按下式进行

计算：

$$f_b = \gamma_f \gamma_s f_{ce}$$

式中：$\gamma_f \gamma_s$ ——粉煤灰影响系数和粒化高炉矿渣粉影响系数，可按《普通混凝土设计规程》的相关规定选用；

f_{ce} ——水泥 28 d 胶砂抗压强度（MPa）。

水泥 28 d 胶砂抗压强度无实测值时，可按下式计算：

$$f_{ce} = \gamma_c f_{ce,\,g}$$

式中：γ_c ——水泥强度等级值的富余系数，可按实际统计资料确定；当缺乏实际统计资料时，可按有关规定选用。

$f_{ce,\,g}$ ——水泥强度等级值（MPa）。

（三）确定用水量

制备混凝土时，应力求采用最小单位用水量。可按骨料品种、粒径、施工要求的流动性指标等确定，也可根据本地区或本单位的经验选用。

掺外加剂时混凝土用水量可用下式计算：

$$m_{w0} = m'_{w0}(1 - \beta)$$

式中：m_{w0} ——计算配合比每立方米混凝土的用水量（kg/m³）；

m'_{w0} ——未掺入外加剂时，推定的满足实际坍落度要求的每立方米混凝土用水量（kg/m³），以坍落度为 90 mm 的混凝土用水量为基础，按坍落度每增大 20 mm 用水量增加 5 kg 计算，确定未掺外加剂时的混凝土用水量；

β ——外加剂的减水率（%），应经混凝土实验确定。

（四）计算水泥用量

每立方米混凝土中水泥材料用量应按下式计算：

$$m_{c0} = \frac{m_{w0}}{W/C}$$

式中：m_{c0} ——计算配合比每立方米混凝土中水泥材料用量（kg/m³）。

（五）确定砂率

砂率可根据本单位对所用材料的使用经验合理选用。

（六）计算砂石用量

计算砂石用量的方法有体积法和质量法两种。

如体积法（绝对体积法）：混凝土的体积等于各组成材料绝对体积之和，即

$$\frac{m_{c0}}{\rho_c} + \frac{m_{g0}}{\rho_g} + \frac{m_{s0}}{\rho_s} + \frac{m_{w0}}{\rho_w} + 0.01\alpha = 1$$

$$\beta_s = \frac{m_{s0}}{m_{g0} + m_{s0}} \times 100\%$$

式中：ρ_c——水泥密度（kg/m^3）；

ρ_g——粗骨料的表观密度（kg/m^3）；

ρ_s——细骨料的表观密度（kg/m^3）；

ρ_w——水的密度（kg/m^3），可取 1000 kg/m^3；

α——混凝土的含气量百分数，在不使用引气剂或引气型外加剂时，α 可取 1；

m_{g0}——计算配合比每立方米混凝土的粗骨料用量（kg）；

m_{s0}——计算配合比每立方米混凝土的细骨料用量（kg）；

β_s——砂率（%）。

（七）确定配合比

1m^3 内各种材料的用量已知，可求出水泥用量为 1 时各种材料的比值，从而确定初步配合比，计算方法如下：

$$1 : \frac{m_{s0}}{m_{c0}} : \frac{m_{g0}}{m_{c0}} : \frac{m_{w0}}{m_{c0}} = m_{c0} : m_{s0} : m_{g0} : m_{w0}$$

（八） 试配与调整

1. 试配拌和物的用量

试配拌和物的用量应根据集料的最大粒径、混凝土的检验项目和搅拌机的容量等进行确定。

2. 和易性检验与调整

测定所配混凝土的坍落度，并观察其黏聚性和保水性。观测结果如不合格，应做如下调整：

（1）坍落度比设计值小（大）时，保持水灰比不变，增加（减少）水泥浆的用量。

普通混凝土每增加（减少）10 mm 坍落度，须增加（减少）3%～5% 的水泥浆。

（2）当坍落度比设计值大时，还可在保持砂率不变的情况下增加集料用量。

（3）当坍落度比设计值大，且黏聚性与保水性较差时，可减少水泥浆，增大砂率（保持砂石总量不变，增加砂用量，减少石子用量），反复试验至符合要求为止。

3. 强度复核

选用三个不同水灰比的配合比，以其中一个为基准，另外两个参照基准配合比的水灰比分别增加和减少 0.05，其用水量与基准配合比相同，但砂率可分别增加和减少 1%。经试验，调整后的拌和物均应满足和易性的要求，测出各自的实测湿表观密度，以备修正材料用。

三个配合比制成的试件标准养护 28d，测出试件抗压强度，根据配制强度得出相应水灰比。

（九） 确定设计配合比

1. 按强度检验结果修正配合比

m_{w0}：取基准配合比中的用水量，并根据实测的坍落度值加以调整。

m_{c0}：取用水量乘以在强度水灰比关系线上定出的为达到试配强度所必需的水灰比作为最终结果。

m_{s0}，m_{g0}：取基准配合比中砂石用量。

2. 按拌和物实测湿表观密度修正配合比

混凝土拌和物表观密度计算公式为：

$$\rho_{c,c} = m_c + m_g + m_s + m_w$$

式中：$\rho_{c,c}$——混凝土拌和物表观密度计算值（kg/m^2）；

m_c——每立方米混凝土的水泥用量（kg）；

m_g——每立方米混凝土的粗骨料用量（kg）；

m_s——每立方米混凝土的细骨料用量（kg）；

m_w——每立方米混凝土的用水量（kg）。

将混凝土配合比中每一项材料用量均乘以修正系数 δ，得到设计配合比：

$$m_{cb} : m_{sb} : m_{gb} : m_{wb} = 1 : \frac{m_{sb}}{m_{cb}} : \frac{m_{gb}}{m_{cb}} : \frac{m_{wb}}{m_{cb}}$$

式中：m_{cb}——修正后的配合比每立方米混凝土的水泥用量（kg）；

m_{gb}——修正后的配合比每立方米混凝土的粗骨料用量（kg）；

m_{sb}——修正后的配合比每立方米混凝土的细骨料用量（kg）；

m_{wb}——修正后的配合比每立方米混凝土的用水量（kg）。

三、施工配料

求出每立方米混凝土材料用量后，还必须根据工地现有搅拌机出料容量确定每次须用水泥用量，然后根据水泥用量来计算砂石的每次拌和量。

为严格控制混凝土的配合比，原材料的计量应按重量计，水和液体外加剂可按体积计，但其偏差不得超过以下规定：水泥、外掺混合材料为±2%；粗、细骨料为±3%；水、外加剂溶液的±2%。

四、掺和外加剂和混合料

在混凝土施工过程中，经常掺入一定量的外加剂或混合料，以改善混凝土某些方面的性能。

混凝土外加剂主要有以下四类：

第一，改善新拌混凝土流动性能的外加剂，包括减水剂（如木质素类、萘类、糖蜜类、水溶性树脂类）和引气剂（如松香热聚物、松香皂）。

第二，调节混凝土凝结硬化性能的外加剂，包括早强剂（如氯盐类、硫酸盐类、三乙醇胺）、缓凝剂和促凝剂等。

第三，改善混凝土耐久性的外加剂，包括引气剂、防水剂和阻锈剂等。

第四，为混凝土提供其他特殊性能的外加剂，包括加气剂、发泡剂、膨胀剂、胶黏剂、抗冻剂和着色剂等。常用的混凝土混合料有粉煤灰、炉渣等。

由于外加剂与混合料的形态不同，使用方法也不相同。因此，在混凝土配料中，要采用合理的掺和方法，并确保掺和均匀、掺量准确，才能达到预期的效果。

五、混凝土的搅拌

混凝土的搅拌就是将水、水泥和粗、细骨料进行均匀拌和的混合过程。混凝土通过搅拌可起到强化、塑化材料的作用。

（一）搅拌方法

混凝土的搅拌方法主要有人工搅拌和机械搅拌两种。人工搅拌质量差，水泥耗量多，只有在工程量很少时采用。目前工程中一般采用机械搅拌。

（二）混凝土搅拌机

混凝土搅拌机按搅拌原理不同，可分为自落式搅拌机和强制式搅拌机两类。自落式搅拌机多用于搅拌塑性混凝土和低流动性混凝土，适用于施工现场；强制式搅拌机主要用于搅拌干硬性混凝土和轻骨料混凝土，一般用于混凝土预制厂或混凝土集中搅拌站。

我国混凝土搅拌机以出料容量（m³）×1000 作为标定规格，所以国内混凝土搅拌机的系列有 50、150、250、350、500、700、1000、1500 和 3000 等几种。

（三）搅拌制度

为拌制出均匀优质的混凝土，除正确地选择搅拌机的类型外，还必须合理制定搅拌制度，其内容包括进料容量、搅拌时间和投料方法等。

1. 进料容量

搅拌机的容量有三种表示方式，即出料容量、进料容量和几何容量。

出料容量：也称公称容量，是指搅拌机每次从搅拌筒内可卸出的最大混凝土体积。

进料容量：是指搅拌前搅拌筒可容纳的各种原材料的累计体积。

几何容量：是指搅拌筒内的几何容积。

2. 搅拌时间

搅拌时间是指从全部材料投入搅拌筒算起到开始卸料为止所经历的时间。它是影响混凝土质量及搅拌机生产率的一个主要因素。混凝土搅拌的最短时间如表2-1所示。

表 2-1　混凝土搅拌的最短时间　　　　　单位：s

混凝土坍落度（mm）	搅拌机类型	搅拌机出料量（L）		
		<250	250~500	>500
≤30	强制式	60	90	120
	自落式	90	120	150
>30	强制式	60	60	90
	自落式	90	90	120

3. 投料方法

（1）一次投料法

一次投料法是指先在料斗中装入石子，再加入水泥和砂子，然后一次性投入搅拌机的方法。

（2）二次投料法

二次投料法分为预拌水泥砂浆法和预拌水泥净浆法。

预拌水泥砂浆法：是指先将水泥、砂和水加入搅拌筒内进行充分搅拌，成为均匀的水泥砂浆后，再加入石子搅拌成均匀的混凝土的方法。

预拌水泥净浆法：是指先将水泥和水充分搅拌成均匀的水泥净浆后，再加入砂和石子搅拌成混凝土的方法。

4. 水泥裹砂法

水泥裹砂法（SEC 法），是指先将砂子表面进行湿度处理，控制在一定范围内。然后将处理过的砂子、水泥和部分水进行搅拌，使砂子周围形成黏着性很强的水泥糊包裹层。再次加入水和石子，经搅拌，部分水泥浆便均匀地分散在已经被造壳的砂子及石子周围，最后形成混凝土。

第二节　混凝土的运输与浇筑

一、对混凝土运输的要求

混凝土自搅拌机中卸出后，应及时运至浇筑地点。为保证混凝土的质量，对混凝土运输的基本要求主要有以下四点：

第一，混凝土运输过程中要能保持良好的均匀性，即不离析、不漏浆。

第二，确保混凝土具有设计配合比所规定的坍落度。

第三，保证混凝土在初凝前浇入模板并捣实完毕。

第四，确保混凝土浇筑能连续进行。

二、混凝土运输工具

混凝土运输可分为地面运输、垂直运输和楼面运输三种。

（一）地面运输

地面水平运输的工具主要有搅拌运输车、自卸汽车、机动翻斗车和手推车等。混凝土运距较远时，一般采用搅拌运输车，也可用自卸汽车；运距较近时，一般采用机动翻斗车或手推车。

（二）垂直运输

混凝土垂直运输工具主要有井架运输机、塔式起重机、施工电梯及混凝土提升机等。

1. 井架运输机

井架运输机适用于多层工业与民用建筑施工时的混凝土运输。井架装有平台或混凝土自动倾卸料斗（翻斗）。混凝土搅拌机一般设在井架附近，当用升降平台时，手推车可直接推到平台上；当用料斗时，混凝土可倾卸在料斗内。

2. 塔式起重机

塔式起重机作为混凝土垂直运输的工具，一般均配有料斗。料斗的容积一般为 $1\ m^3$，上部开口装料，下部安装扇形手动闸门，可直接把混凝土卸入模板中。当搅拌站设在起重机工作半径范围内时，起重机可完成地面、垂直及楼面运输而不需要二次搬运。

3. 施工电梯

施工电梯又称外用施工电梯，是一种安装于建筑物外部供运送施工人员、机械和材料的垂直提升设备。施工电梯一般分为齿轮齿条驱动电梯和绳索驱动电梯两类，可以载重货物 $1.0 \sim 1.2\ t$，或容纳 $10 \sim 12$ 人；其高度随着建筑物主体结构施工而接高，可达 $100\ m$ 以上。

4. 混凝土提升机

混凝土提升机是高层建筑混凝土垂直运输中常用的提升设备。它由钢井架、混凝土提升斗和高速卷扬机等组成，提升速度可达 $50 \sim 100\ m/min$。一般每台容量为 $0.5\ m^3 \times 2$ 的双斗提升机，以 $75\ m/min$ 的速度提升 $120\ m$ 的高度时，输送能力可达 $20\ m^2/h$。

（三）楼面运输

楼面运输应采取措施保证模板和钢筋位置，防止混凝土离析，主要运输工具有手推车、皮带运输机、塔式起重机和混凝土泵等。其中，利用混凝土泵泵送混凝土是混凝土施工中最常用的楼面运输方式。

泵送混凝土是利用混凝土泵通过管道将混凝土输送到浇筑地点，一次性完成地面水平运输、垂直运输及楼面水平运输。

泵送混凝土具有输送能力大、速度快、效率高、节省人力和能连续作业等特点，已成为施工现场运输混凝土的一种重要方法。当前泵送混凝土的最大水平输送距离可达 800 m，最大垂直输送高度可达 300 m。

三、运输时间

为确保混凝土的质量，混凝土应以最少的运输次数和最短的时间从搅拌点运至浇筑地点，并在初凝前浇筑完毕。混凝土从搅拌机中卸出后到浇筑完毕的延续时间不超过表 2-2 的规定。

表 2-2　混凝土从搅拌机中卸出后到浇筑完毕的延续时间　　　　单位：min

混凝土强度等级	气温		混凝土强度等级	气温	
	<25℃	≥25℃		<25℃	≥25℃
≤C30	120	90	>C30	90	60

注：①对掺用外加剂或采用快硬水泥拌制的混凝土，其延续时间应按试验确定；

　　②对轻骨料混凝土，其延续时间应适当缩短。

四、混凝土浇筑基础

（一）.混凝土浇筑前的准备工作

1. 模板的检查

（1）检查模板的形状、尺寸、位置、标高是否符合设计要求。

（2）检查模板的强度、刚度、稳定性。

（3）检查模板的接缝是否严密、不漏浆。

（4）检查模板内的垃圾、泥土是否清除。

（5）木模板应浇水湿润，但不得有积水。

2. 钢筋的检查

（1）检查钢筋的形状、尺寸、位置、直径、级别、数量和间距是否符合设计要求。

（2）检查钢筋的锚固长度、搭接长度和连接的方法是否符合规范要求。

（3）检查安装偏差是否在允许范围之内。

（4）检查保护层厚度是否符合要求。

（5）做好施工组织和安全技术交底工作，并做好隐蔽工程记录。

（二）混凝土浇筑的一般规定

（1）混凝土浇筑前不应发生初凝和离析现象。混凝土运至现场后，其坍落度应满足表 2-3 的要求。

表 2-3　混凝土浇筑时的坍落度

序号	结构种类	坍落度（mm）
1	基础或地面等的垫层、无配筋的大体积结构（挡土墙、基础等）或配筋稀疏的结构	10~30
2	板、梁、大型及中型截面的柱子等	30~50
3	配筋密列的结构（薄壁、斗仓、筒仓、细柱等）	50~70
4	配筋特密的结构	70~90

（2）控制混凝土自由倾落高度以防离析。混凝土倾落高度一般不超过 2 m；竖向结构（如墙、柱）不超过 3 m，否则应采用溜槽、串筒或振动串筒下料。

（3）浇筑竖向混凝土结构前，应先在底部填筑一层 50~100 mm 厚与混凝土成分相同的水泥砂浆，然后再浇筑混凝土。

（4）为了使混凝土振捣密实，必须分层浇筑。每层的浇筑厚度与振捣方法、结构配筋有关，应符合表2-4所示的规定。

表2-4　混凝土浇筑层厚度

捣实混凝土的方法		浇筑层的厚度（mm）
插入式振捣器		振捣器作用部分长度的1.25倍
表面式振捣器		200
人工捣固	在基础、无配筋混凝土或配筋稀疏的结构中	250
	在梁、墙板、柱结构中	200
	在配筋密列的结构中	150
插入式振捣器		300
表面振动（振动时须加压）		200

5. 混凝土应连续浇筑

当必须间歇时，间歇时间宜缩短，并在下层混凝土初凝前，将上层混凝土浇筑完毕。混凝土从搅拌机中卸出，经运输、浇筑及间歇的全部时间不得超过有关规范的规定，否则应留置施工缝。

五、混凝土的振捣

混凝土浇入模板后，因内部骨料和砂浆之间具有摩擦阻力与黏结力作用，故其流动性很低，不能自动充满模板内各角落。由于混凝土内部空气与气泡含量占混凝土体积的 5%~20%，因此，当混凝土不能达到要求的密实度时，必须进行适当的振捣，使混凝土混合物能够克服阻力并逸出气泡，消除空隙，确保混凝土达到设计要求的强度等级和足够的密实度。

混凝土振捣分人工捣实和机械振实两种方式。人工捣实劳动强度大、效率低，且由于须用流动性较大的混凝土，增加了水泥用量，因此仅在工程量小或缺少机械振动设备时，才完全使用人工捣实。采用机械振实时，混凝土振捣设备按其工作方式可分为内部振动器、表面振动器、外部振动器和振动台。

（一）内部振动器

内部振动器又称插入式振动器，常用来捣实梁、柱、墙、基础和大体积混凝土。

（二）外部振动器

外部振动器又称附着式振动器。外部振动器是将一个带偏心块的电动振动器利用螺栓或夹具固定在构件模板外侧，振动动力通过模板传给混凝土。适用于振捣钢筋密集、断面尺寸小于 250 mm 的构件及不使用插入式振动器的构件，如墙体、薄腹梁等。

（三）表面振动器

表面振动器又称平板振动器，是将附着式振动器固定在一块底板上构成的。它适用于振实楼板、地面、板形构件和薄壳等构件。

（四）振动台

振动台是将模板和混凝土构件放于平台上一起振动。主要用于预制构件的生产。

六、施工缝

施工缝是指先浇的混凝土与后浇的混凝土之间的薄弱接触面。由于技术上的原因或设备、人力的限制，混凝土的浇筑不能连续进行，中间的间歇时间超过混凝土的初凝时间时，则应留设施工缝。

（一）施工缝留设位置

施工缝宜留在结构受力（弯矩及剪力）较小且便于施工的部位。一般柱应留设水平缝，梁、板和墙应留设垂直缝。根据施工缝留设的原则，具体留设位置如下：

1. 柱子的施工缝留在基础顶面，梁、无梁楼盖柱帽或吊车梁牛腿下面，以及吊车梁的上面。

2. 与板连为一体的大截面梁，施工缝应留设在板底面以下 20~30 mm 处。

3. 单向板留设在平行于板短边的任何位置。

4. 有主次梁的楼盖，宜顺次梁方向浇筑，施工缝留设在次梁跨度中间 1/3 范围内。

5. 楼梯的施工缝应留设在楼梯长度中间 1/3 范围内。

6. 墙的施工缝应留设在门洞过梁跨中的 1/3 范围内，也可留设在纵横墙的交接处。

7. 双向受力楼板、大体积混凝土结构、拱、薄壳、蓄水池等复杂结构工程的施工缝应按设计要求留设。

（二）施工缝的处理

在施工缝处继续浇筑混凝土时，已浇筑的混凝土抗压强度不应小于 1.2 MPa，以防止被继续浇筑的混凝土扰动。

施工缝处浇筑混凝土前，先应除去施工缝表面的浮浆、松动的石子和软弱的混凝土层，然后凿毛、洒水、湿润、冲刷干净，最后浇一层 10~15 mm 厚的水泥浆（水泥∶水 = 1∶0.4）或与混凝土成分相同的水泥砂浆，以保证接缝的质量。混凝土浇筑过程中，施工缝处应细致捣实，使其紧密结合。

七、后浇带

后浇带是在现浇混凝土结构施工过程中，为了防止混凝土结构由于收缩不均或沉降不均而产生有害裂缝，按设计要求或施工规范要求在基础底板、墙、梁相应位置留设的临时施工缝。

后浇带的留设位置应按设计要求和施工技术方案确定。在正常的施工条件下，当混凝土置于室内和土中时，后浇带的设置距离为 30 m；当混凝土露天时，后浇带的设置距离为 20 m。

后浇带的保留时间应根据设计确定，若设计无要求时，一般保留 28 d 以上。后浇带的宽度应考虑施工简便，避免应力集中，一般其宽度为 700～1000 mm。后浇带内的钢筋应完好保存。

后浇带混凝土浇筑应严格按照施工技术方案进行。在浇筑混凝土前，必须将整个混凝土表面按照施工缝的要求进行处理。填充后浇带的混凝土可采用微膨胀或无收缩水泥，也可采用普通水泥加入相应的外加剂拌制，要求填筑混凝土的强度等级比原来结构强度提高 1 级，并至少保持 15 d 的湿润养护。

八、大体积混凝土浇筑

大体积混凝土是指最小断面尺寸大于 1 m，必须采用相应的技术措施妥善处理温度差值、合理解决温度应力并控制裂缝开展的混凝土结构。

大体积混凝土结构在工业建筑中多为设备基础，在高层建筑中多为桩基承台或厚大基础底板等。其施工特点有以下三项：

第一，结构整体性要求高，一般不留施工缝，要求整体浇筑。

第二，结构体积大，水泥水化热温度应力大，要预防混凝土早期开裂。

第三，混凝土体积大，泌水多，施工中对泌水应采取有效措施。

（一）整体浇筑方案

大体积混凝土的浇筑应根据整体连续浇筑的要求，结合结构实际尺寸的大小、钢筋疏密、混凝土供应条件等具体情况，分别选用不同的浇筑方案，以保证结构的整体性。

常用的混凝土浇筑方案有全面分层、分段分层和斜面分层三种。

1. 全面分层

全面分层是指将整个结构浇筑层分为数层浇筑，在已浇筑的下层混凝土尚未凝结即开始浇筑第二层，如此逐层进行，直至浇筑完毕。这种浇筑方案一般适用于结构平面尺寸不大的工程，施工时从短边开始，沿长边方向进行。

2. 分段分层

分段分层是指将基础划分为几个施工段，施工时从底层一端开始浇筑混凝土，进行到一定距离后再浇筑该区段的第二层混凝土，如此依次向前浇筑其他各段（层）。这种浇筑方案适用于厚度较薄而面积较大或长度较长的结构。

3. 斜面分层

斜面分层是指在混凝土浇筑时，不再水平分层，由底板一次直接浇筑到结构面。这种浇筑方案适用于长度超过厚度的结构，也是大体积混凝土底板浇筑时应用较多的一种方案。

（二）早期温度裂缝预防

要防止大体积混凝土产生温度裂缝就是要避免水泥水化热的积聚，使混凝土内外温差不超过 25℃。为此，要优先采用水化热低的水泥（如矿渣硅酸盐水泥），降低水泥用量，掺入适量的粉煤灰，降低浇筑速度或减小浇筑厚度。施工中应采取以下措施：

1. 降低混凝土成型时的温度

混凝土成型时的温度取决于混凝土拌和物的温度。混凝土拌和物的温度与水、水泥、砂、石的用量及温度有关，应严格控制配合比设计及拌和料的温度。

2. 降低水泥水化热

选用水化热低的水泥品种，如矿渣硅酸盐水泥；并采取措施降低水泥用量，如掺入减水剂和掺和料等。

3. 提高混凝土的表面温度

对大体积混凝土表面实行保温潮湿养护，使其保持一定温度，或采取加温措施，是防止大体积混凝土表面开裂的有效措施。

（三）大体积混凝土浇筑施工阶段的裂缝控制原理

在大体积混凝土浇筑前，根据施工拟采取的防裂措施和现有的施工条件，先计算混凝土水泥水化热的绝热最高温升值、各龄期收缩变形值、收缩当量温差和弹性模量，然后通过计算，估量可能产生的最大温度收缩应力。具体计算可参考《大体积混凝土施工规范及条文说明》。

九、水下浇筑混凝土

水下浇筑混凝土是在水下指定部位直接浇筑混凝土的施工方法，简称水下混凝土。水下混凝土的应用范围很广，如沉井封底、钻孔灌注桩浇筑、地下连续墙浇筑、水中浇筑基础结构及一系列桥墩、水工和海工结构的施工等。水下浇筑混凝土常采用导管法。

水下浇注混凝土一般不进行振捣，依靠自重（或压力）和流动性进行摊平和密实，因此要求混凝土拌和物应该具有较好的和易性、良好的流动性、较小的泌水率和一定的表观密度。以确保混凝土能够在水下环境中自行流平并达到充分密实的状态，同时也要保证混凝土在硬化前不会因为浮力作用而上浮或者因为自身重量过大而下沉，从而确保施工质量和结构的安全稳定。

十、喷射混凝土

喷射混凝土是利用压缩空气将混凝土由喷射机的喷嘴以较高的速度（50～70 m/s）喷射到岩石、工程结构或模板的表面。

喷射混凝土在隧道、涵洞、竖井等地下建筑物的混凝土支护，薄壳结构和喷锚支护中都有广泛的应用，具有不用模板、施工简单、劳动强度低和施工进度快等优点。

喷射混凝土施工工艺分为干式和湿式两种。混凝土在"微潮"（水灰比为0.1～0.2）状态下输送至喷嘴处加压喷出，称为干式喷射混凝土；将水灰比为0.45～0.50 的混凝土拌和物输送至喷嘴处加压喷出，称为湿式喷射混凝土。与干式喷射混凝土相比，湿式混凝土喷射施工具有施工条件好、混凝土的回弹量小等优点，应用较为广泛。

第三节　混凝土的养护及质量验收

混凝土成型后，为保证水泥能充分进行水化反应，应及时进行养护。养护的目的就是为混凝土硬化创造必要的湿度和温度条件，防止由水分蒸发或冻结造成混凝土强度降低和出现收缩裂缝、剥皮、起砂和内部酥松等现象，确保混凝土质量。

一、养护方法

混凝土养护一般有自然养护和蒸汽养护两种方法。

自然养护是指在室外平均气温高于5℃的条件下，选择适当的覆盖材料并适当浇水，使混凝土在规定的时间内保持湿润环境。自然养护又分为洒水养护和薄膜布养护等。

（一）洒水养护

洒水养护是用吸水保温能力较强的材料将混凝土覆盖，经常洒水使其保持湿润。洒水养护应符合下列规定：

1. 混凝土浇筑完毕后 12 h 以内应进行覆盖，并洒水养护。

2. 洒水养护时间与水泥品种有关。对于硅酸盐水泥和矿渣硅酸盐水泥拌制的混凝土，养护不得少于 7 d；对于掺用缓凝型外加剂或有抗渗性要求的混凝土及由火山灰盐水泥和粉煤灰硅酸盐水泥拌制的混凝土，养护不得少于 14 d。

3. 浇水的次数以能保持混凝土湿润状态为准。

4. 养护用水与拌制水相同。

5. 当平均气温低于 5 ℃时，不得浇水，应按冬季施工要求保温养护。

（二）薄膜布养护

薄膜布养护是采用不透水、不透气的布覆盖在混凝土表面，保证混凝土在不失水的情况下得到充足的养护。这种养护方法不必浇水，操作方便，能重复使用。

（三）蒸汽养护

蒸汽养护就是将构件放置在有饱和蒸汽或蒸汽空气混合物的养护室内，在较高温度和相对湿度的环境中进行养护，以加速混凝土的硬化，使混凝土在较短的时间内达到规定的强度标准值。蒸汽养护主要用于预制构件厂生产预制构件。

二、混凝土养护温控要求

混凝土养护期间应注意采取保温措施，防止混凝土表面温度受环境因素影响（如曝晒、气温骤降等）而发生剧烈变化。养护期间混凝土的芯部与表层、表层与环境之间的温差不宜超过 20 ℃。大体积混凝土施工前应制订严格的养护方案，确保混凝土内外温差满足设计要求。

混凝土在冬季和炎热季节拆模后，若天气产生骤然变化，应采取适当的保温（寒季）隔热（夏季）措施，防止混凝土产生过大的温差应力。

三、养护要求

第一，混凝土拆模后可能与流动水接触时，应在混凝土与流动的地表水或地下水接触前采取有效保温保湿措施养护，养护时间应比规定的时间有所延长（至少 14 d），且混凝土的强度应达到 75% 以上的设计强度，并在养护结束后及时回填。

第二，直接与海水或盐渍土接触的混凝土，应保证混凝土在强度达到设计强度等级以前不受侵蚀，并尽可能延长新浇混凝土的龄期，推迟混凝土与海水或盐渍土直接接触的时间，一般不宜小于6周。

第三，当昼夜平均气温低于5℃或最低气温低于-3℃时，应按冬季施工处理。当环境温度低于5℃时，禁止对混凝土表面进行洒水养护。此时，可在混凝土表面喷涂养护液，并采取适当保温措施。

第四，对于严重腐蚀环境下采用大掺量粉煤灰的混凝土结构或构件，在完成规定的养护期限后，如条件许可，在上述养护措施基础上应进一步适当延长潮湿养护时间。

第五，混凝土养护期间，应对有代表性的结构进行温度监控，定时测定混凝土芯部温度、表层温度及环境温度、相对湿度、风速等参数，并根据混凝土温度和环境参数的变化情况及时调整养护制度，确保混凝土的内外温差满足要求。

第六，混凝土养护期间，应对混凝土的养护过程做详细记录，并建立严格的岗位责任制。

第七，在浇筑完成后，12 h以内应进行养护；混凝土强度未达到1.2 MPa以前，严禁任何人在上面行走、安装模板支架，更不得做冲击性或任何劈打的操作。

四、养护安全注意事项

第一，养护用的管路和设备应经常检修，电路管理应符合用电规范要求。

第二，蒸养设备要专人负责，定期检修，严防火灾、烫伤事故。有危险的地域应有明显警告标示。

第三，养护人员高空作业要系安全带，穿防滑鞋。

第四，养护用的支架要有足够的强度和刚度，篷帐搭设要规范合理。

第五，人员上下支架或平台作业要谨慎小心，在保护好混凝土成品、保证养护措施实施的同时，加强个人安全防护工作。

五、混凝土质量验收及常见问题处理

（一）一般规定

在混凝土施工过程中，主要检查混凝土拌制、浇筑过程中材料的质量和用量，搅拌地点和浇筑地点的混凝土坍落度等内容，在每一工作班内至少检查2次。

当混凝土配合比由于外界影响有变动时，应及时检查；同时，对混凝土搅拌时间应随时进行检查。对于预拌混凝土，应注意在施工现场进行坍落度检查。

施工后的质量检查主要是对已完工的混凝土进行外观质量检查、强度检查和内部检查。对有抗冻、抗渗等特殊要求的混凝土，还应进行抗冻、抗渗性能检查。

1. 外观检查及允许偏差

现浇混凝土结构的外观质量缺陷，应由监理（建设）单位、施工单位等各方根据其对结构性能和使用功能影响的严重程度按表2-5进行确定。

表 2-5　现浇结构外观质量缺陷

名称	现象	严重缺陷	一般缺陷
露筋	构件内钢筋未被混凝土包裹而外露	纵向受力钢筋有露筋	其他钢筋有少量露筋
蜂窝	混凝土表面缺少水泥砂浆而形成石子外露	构件主要受力部位有蜂窝	其他部位有少量蜂窝
孔洞	混凝土中孔穴深度和长度均超过保护层厚度	构件主要受力部位有孔洞	其他部位有少量孔洞
夹渣	混凝土中夹有杂物且深度超过保护层厚度	构件主要受力部位有夹渣	其他部位有少量夹渣
疏松	混凝土中局部不密实	构件主要受力部位有疏松	其他部位有少量疏松
裂缝	缝隙从混凝土表面延伸至混凝土内部	构件主要受力部位有影响结构性能或使用功能的裂缝	其他部位有少量不影响结构性能或使用功能的裂缝
连接部位缺陷	构件连接处混凝土缺陷及连接钢筋、连接件松动	连接部位有影响结构传力性能的缺陷	连接部位有基本不影响结构传力性能的缺陷

名称	现象	严重缺陷	一般缺陷
外形缺陷	缺棱掉角、棱角不直、翘曲不平、飞边凸肋等	清水混凝土构件有影响使用功能或装饰效果的外形缺陷	其他混凝土构件有不影响使用功能的外形缺陷
外表缺陷	构件表面麻面、掉皮、起砂、沾污等	具有重要装饰效果的清水混凝土构件有外表缺陷	其他混凝土构件有不影响使用功能的外表缺陷

现浇结构拆模后，应由监理（建设）单位、施工单位对外观质量和尺寸偏差进行检查，做好记录，并应及时按施工技术方案对缺陷进行处理。

2. 混凝土浇筑完毕后的强度检验

检查混凝土质量应通过留置试块做抗压强度试验的方法进行。当有特殊要求时，还须做混凝土的抗冻性、抗渗性等试验。

（1）试块制作

用于检验结构构件混凝土质量的试件应在混凝土浇筑地点随机制作，并采用标准养护。

（2）试件组数确定

工程施工中，试件留置的组数应符合下列规定：

①每拌制 100 盘且不超过 $100m^3$ 的同配合比的混凝土，其取样不得少于 1 次。

②每工作班拌制的同配合比的混凝土不足 100 盘时，其取样不得少于 1 次。

③对现浇混凝土结构，还应满足：每一现浇楼层同配合比的混凝土，取样不得少于一次；同一单位工程每一验收项目同配合比的混凝土，取样不得少于一次。每次取样应至少留置一组（3 个）标准试件，同条件养护的试件组数可根据实际需要确定。对于预拌混凝土，其试件的留置也应符合上述规定。

（3）每组试件强度代表值

每组三个试件应在同盘混凝土中取样制作，并按下面的规定确定该组试件的混凝土强度代表值：

①取三个试件强度的平均值。

②当三个试件强度中的最大值或最小值与中间值之差超过中间值的15%时，取中间值。

③当三个试件强度中的最大值和最小值与中间值之差均超过中间值的15%时，该组试件不应作为强度评定的依据。

（4）强度评定

混凝土强度应分批进行验收。同一验收批的混凝土应由强度等级相同、生产工艺和配合比基本相同的混凝土组成；对现浇混凝土结构构件，尚应按单位工程的验收项目划分验收批，每个验收项目应按现行国家标准《建筑工程质量检验评定统一标准》确定。对同一验收批的混凝土强度，应以同批内标准试件的全部强度代表值来评定。

当对混凝土试件强度的代表性存在疑问时，可采用非破损检验方法或从结构、构件中钻取芯样的方法，按有关标准的规定，对结构构件中的混凝土强度进行推定，作为是否进行处理的依据。

（5）混凝土强度实测

当混凝土试件没有或缺乏代表性时，要反映结构混凝土的真实强度情况，往往要采取非破损检测方法或半破损方法钻芯取样来检测混凝土的强度。回弹法作为无损检测方法之一，主要用于检测混凝土的抗压强度；其检测结果只能是评价现场混凝土强度或处理混凝土质量问题的依据之一，不能用作评定混凝土的抗压强度。

3. 钢筋混凝土内部检查

钢筋扫描检查主要用于建筑工程混凝土结构中钢筋分布、直径、走向及混凝土保护层厚度等的质量检测。钢筋扫描仪能够在混凝土的表面测定钢筋的位置、布筋情况、测量混凝土保护层厚度和钢筋直径等。

（二）外观质量

1. 主控项目

现浇结构的外观质量不应有严重缺陷。对已经出现的严重缺陷，应由施工单位提出技术处理方案，并经监理（建设）单位认可后进行处理。对经处理的部位，应重新检查验收。

检查数量：全数检查。

检验方法：观察，检查技术处理方案。

2. 一般项目

现浇结构的外观质量不宜有一般缺陷。对已经出现的一般缺陷，应由施工单位按技术处理方案进行处理，并重新检查验收。

检查数量：全数检查。

检验方法：观察，检查技术处理方案。

（三）尺寸偏差

1. 主控项目

现浇结构不应有影响结构性能和使用功能的尺寸偏差。混凝土设备基础不应有影响结构性能和设备安装的尺寸偏差。

对超过尺寸允许偏差且影响结构性能和安装、使用功能的部位，应由施工单位提出技术处理方案，并经监理（建设）单位认可后进行处理。对经处理的部位，应重新检查验收。

检查数量：全数检查。

检验方法：量测，检查技术处理方案。

2. 一般项目

现浇结构和混凝土设备基础拆模后的尺寸偏差应符合表 2-6、表 2-7 的规定。

表2-6 现浇结构尺寸允许偏差和检验方法

项目		允许偏差（mm）	检验方法
轴线位置	基础	15	钢尺检查
	独立基础	10	
	墙、柱、梁	8	
	剪力墙	5	
垂直度	层高 ≤5m	8	经纬仪或吊线、钢尺检查
	层高 >5m	10	经纬仪或吊线、钢尺检查
	全高（H）	$H/1000$ 且 ≤30	经纬仪、钢尺检查
标高	层高	±10	水准仪或拉线、钢尺检查
	全高	±30	
截面尺寸		+8 −5	钢尺检查
电梯井	井筒长、宽对定位中心线	+25 0	钢尺检查
	井筒全高（H）垂直度	$H/1000$ 且 ≤30	经纬仪、钢尺检查
表面平整度		8	2m靠尺和塞尺检查
预埋设施中心线位置	预埋件	10	钢尺检查
	预埋螺栓	5	
	预埋管	5	
预留洞中心线位置		15	钢尺检查

注：检查轴线、中心线位置时，应沿纵、横两个方向测量，并取其中的较大值。

表2-7 混凝土设备基础尺寸允许偏差和检验方法

项目	允许偏差（mm）	检验方法
坐标位置	20	钢尺检查
不同平面的标高	0 −20	水准仪或拉线、钢尺检查
平面外形尺寸	±20	钢尺检查
凸台上平面外形尺寸	0 −20	钢尺检查

项目		允许偏差（mm）	检验方法
凹穴尺寸		+20 0	钢尺检查
平面水平度	每米	5	水平尺、塞尺检查
	全长	10	水准仪或拉线、钢尺检查
垂直度	每米	5	经纬仪或吊线、钢尺检查
	全高	10	
预埋地脚螺栓	标高（顶部）	+20 0	水准仪或拉线、钢尺检查
	中心距	±2	钢尺检查
预埋地脚螺栓孔	中心线位置	10	钢尺检查
	深度	+20 0	钢尺检查
	孔垂直度	10	吊线、钢尺检查
预埋活动地脚螺栓锚板	标高	+20 0	水准仪或拉线、钢尺检查
	中心线位置	5	钢尺检查
	带槽锚板平整度	5	钢尺、塞尺检查
	带螺纹孔锚板平整度	2	钢尺、塞尺检查

注：检查坐标、中心线位置时，应沿纵、横两个方向量测，并取其中的较大值。

检查数量：按楼层、结构缝或施工段划分检验批。在同一检验批内，对梁、柱和独立基础，应抽查构件数量的10%，且不少于3件；对墙和板，应按有代表性的自然件抽查10%，且不少于3件；对大空间结构，墙可按相邻轴线间高度5 m左右划分检查面，板可按纵、横轴线划分检查面，抽查10%，且均不少于3面；对电梯井、设备基础应全数检查。

（四）结构实体检验

对涉及混凝土结构安全的重要部位应进行结构实体检验。结构实体检验应在监理工程师（建设单位项目专业技术负责人）见证下，由施工项目技术负责人组织实施。承担结构实体检验的试验室应具有相应的资质。

结构实体检验的内容应包括混凝土强度、钢筋保护层厚度、结构位置及尺寸偏差以及工程合同约定的项目；必要时可检验其他项目。

结构实体检验混凝土强度应按不同强度等级分别检验，检验方法宜采用同条件养护试件方法；当未取得同条件养护试件强度或同条件养护试件强度不符合要求时，可采用回弹-取芯法进行检验。

混凝土强度检验时的等效养护龄期可取日平均温度逐日累计达到600℃·d时所对应的龄期，且不应小于 14 d。日平均温度为 0 ℃ 及以下的龄期不计入。

冬期施工时，等效养护龄期计算时温度可取结构构件的实际养护温度，也可根据结构构件的实际养护条件，按照同条件养护试件强度与在标准养护条件下28 d 龄期试件强度相等的原则，由监理、施工等各方共同确定。

对钢筋保护层厚度的检验，抽样数量、检验方法、允许偏差和合格条件应符合《混凝土结构工程施工质量验收规范（附条文说明）》的规定。

结构实体检验中，当混凝土强度或钢筋保护层厚度检验结果不满足要求时，应委托具有资质的检测机构按国家现行有关标准的规定进行检测。

（五）混凝土结构工程验收

第一，混凝土结构子分部工程施工质量验收时，应提供下列文件和记录：

设计变更文件。

原材料出厂合格证和进场复验报告。

钢筋接头的试验报告。

混凝土工程施工记录。

混凝土试件的性能试验报告。

装配式结构预制构件的合格证和安装验收记录。

预应力筋所用锚具、连接器的合格证和进场复验报告。

预应力筋安装、张拉及灌浆记录。

隐蔽工程验收记录。

分项工程验收记录。

混凝土结构实体检验记录。

工程重大质量问题的处理方案和验收记录。

其他必要的文件和记录。

第二，混凝土结构子分部工程施工质量验收合格应符合下列规定：

有关分项工程施工质量验收合格。

应有完整的质量控制资料。

观感质量验收合格。

结构实体检验结果满足《混凝土结构工程施工质量验收规范》的要求。

第三，当混凝土结构施工质量不符合要求时，应按下列规定进行处理：

经返工、返修或更换构件、部件的检验批，应重新进行验收。

经有资质的检测单位检测鉴定达到设计要求的检验批，应予以验收。

经有资质的检测单位检测鉴定达不到设计要求，但经原设计单位核算并确认仍可满足结构安全和使用功能的检验批，可予以验收。

经返修或加固处理能够满足结构安全使用要求的分项工程，可根据技术处理方案和协商文件进行验收。

第四，混凝土结构工程子分部工程施工质量验收合格后，应将所有的验收文件存档备案。

（六）通病防治

1. 常见问题及原因

（1）蜂窝

原因：混凝土一次下料过厚，振捣不密实或漏振；模板有缝隙使水泥浆流失；钢筋较密而混凝土坍落度过小或石子过大；根部模板有缝隙，以致混凝土中的砂浆从下部涌出等，都可造成蜂窝。

（2）露筋

原因：钢筋垫块位移、间距过大、漏放，或钢筋紧贴模板，从而造成露筋；振捣不密实，也可能出现露筋。

（3）麻面

原因：拆模过早或模板表面漏刷隔离剂或模板湿润不够等，构件表面混凝土易黏附在模板上造成麻面脱皮。

（4）孔洞

原因：钢筋较密的部位混凝土被卡，未经振捣就继续浇筑上层混凝土。

（5）墙体烂根

原因：模板拼缝不严、加固不够或下料过多，导致模板出缝隙，混凝土跑浆，造成墙体烂根。

（6）洞口移位变形、梁变形

原因：浇筑时混凝土冲击洞口模板，两侧冲力不均，模板未能夹紧，造成洞口变形、梁扭曲，甚至个别部位截面"颈缩"。

（7）缝隙与夹渣层

原因：施工缝杂物清理不干净或未浇底浆等，易造成缝隙与夹渣层。

（8）墙面气泡过多

原因：一次下料过厚，混凝土坍落度过大，振捣时间不够，易造成墙面气泡过多。

（9）顶板裂缝

顶板裂缝形成原因多样复杂，一般以下几方面原因较突出：

①混凝土浇筑振捣后，粗骨料沉落挤出水分、空气，表面呈现渗水而形成竖向体积缩小沉落，形成表面砂浆层，它比下层混凝土有较大的干缩性能，待水分蒸发后，易形成凝缩裂缝。

②模板浇筑混凝土之前洒水不够，过于干燥，则模板吸水量大，引起混凝土的塑性收缩，产生裂缝。

③混凝土浇捣后，过分抹平压光和养护不当也易引起裂缝。

④顶板浇注后，上人上料过早，上料集中，也易造成裂缝。

⑤采用快拆体系做为顶板模板支撑时，施工过程中若工人不按快拆原理进行施工，拆模时将立杆全部拆除然后回顶，也易造成顶板裂缝。

⑥目前采用的商品混凝土收缩性较大，易产生裂缝。其收缩性较大的原因主

要有：为了保证足够的流动性能，商品混凝土的坍落度较大，因此水灰比也较大，而混凝土中参与水化反应的水量仅为游离水的 20%～25%，其余游离水在蒸发后会在混凝土中产生大量毛细孔，增加了混凝土的收缩。掺加粉煤灰、矿渣等，也会增加混凝土的收缩。为了保证混凝土的可泵性，工程中一般选用较小粒径的粗骨料，或减少粗骨料的用量。粗骨料用量的减少和粗骨料粒径的减小，会使混凝土的体积稳定性下降，不稳定性变大，从而增大了混凝土收缩。

（10）错台

墙体产生错台的原因是大模板与木模板拼接位置未拼紧，混凝土浇注时，造成木模板移位。

顶板产生错台的原因是顶板支模时次龙骨未仔细筛选，模板拼缝不紧，模板与龙骨钉子过稀，未钉紧。

（11）墙体底部砂浆过厚

原因：浇注墙体时，减石砂浆或润管砂浆未均匀入模，而是集中到一点，造成部分墙体底部砂浆过厚，强度受影响。

（12）墙垛、阳角受损

原因：拆模中，吊升大模板时磕碰阳角，造成破损。

2. 常见问题的预防措施

（1）防蜂窝

①严格分层浇注，控制每层浇注高度不超过 50 cm，及时振捣，不漏振，配备足够振捣棒，钢筋密处采用小直径振捣棒。

②模板拼逢严密，粘海绵条堵缝，模板对拉要拉紧，浇注前洒水湿润。

（2）防漏筋

钢筋保护层垫块布置均匀，用扎丝将垫块绑扎牢固。

（3）防麻面

合模前将模板清理干净，均匀涂刷脱模剂。

（4）防洞口移位变形、梁变形

洞口浇注时从两侧对称下料，及时振捣。

（5）防烂根、防墙根砂浆过厚

所有竖向结构模内均铺预拌同混凝土配比的去石砂浆 30~50 mm，砂浆用料斗吊到现场，用铁锹均匀下料，不得用地泵直接泵送；模板下口贴双层海绵条；模板外侧根部用砂浆堵缝。

（6）防墙面气泡过多

混凝土坍落度要严格控制，防止离析，底部振捣应严格按方案操作。

振捣时垂直落棒。振捣时要做到"快插慢拔"；剪力墙插点间距 30 cm，由于不好观察混凝土表面特征，插棒振捣时间 20~30 s，至顶端以砼不再显著下沉、无气泡冒出、表面均匀泛出浆液为准；振捣上层砼时，振捣棒要插入下层砼 5 cm左右，以便消除上下层混凝土之间的接缝；砼振捣时避免振捣棒碰到主筋。

（7）防顶板裂缝

①顶板浇筑时及时振捣，及时进行找平收面，先用木抹子搓毛，再用铁抹子压光，然后扫毛。掌握好时间。

②混凝土强度未达 1.2 MPa，不得上人。

③吊放材料时不得集中，应分散进行吊放。

④模板支撑体系严格按照方案进行，上下层位置对应，拆模严格执行快拆原理。

⑤及时对混凝土进行洒水养护，养护时间不得少于两周。

第三章 混凝土特殊施工工艺

第一节 泵送混凝土施工

泵送混凝土是将混凝土拌和物从搅拌机出口通过管道连续不断地泵送到浇筑仓面的一种施工方法。

一、混凝土泵

混凝土泵类型及泵送原理见表3-1。

表3-1 混凝土泵类型及泵送原理

类别		泵送原理
活塞式	机械式	动力装置带动曲柄使活塞往返动作，将混凝土送出
	液压式	液压装置推动活塞往返动作，将混凝土送出
挤压式		泵室内有橡胶管及滚轮架，滚轮架转动时将橡胶管内混凝土压出
隔膜式		利用水压力压缩泵体内橡胶隔膜，将混凝土压出
气罐式		利用压缩空气将贮料罐内的混凝土吹压输送出

工程上使用较多的是液压活塞式混凝土泵，它是通过液压缸的压力油推动活塞，再通过活塞杆推动混凝土缸中的工作活塞来进行压送混凝土。

混凝土泵分拖式（地泵）和泵车两种形式。图3-1为HBT60拖式混凝土泵示意图。它主要由混凝土泵送系统、液压操作系统、混凝土搅拌系统、油脂润滑系统、冷却和水泵清洗系统，以及用来安装和支承上述系统的金属结构车架、车桥、支脚和导向轮等组成。

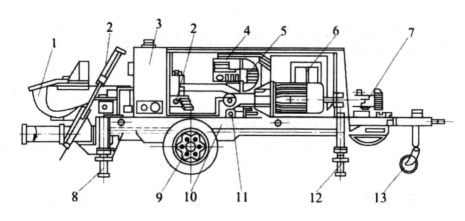

图 3-1　拖式混凝土泵

1—料斗；2—集流阀组；3—油箱；4—操作盘；5—冷却器；

6—电器柜；7—水泵；8—后支脚；9—车桥；

10—车架；11—排出量手轮；12—前支脚；13—导向轮

混凝土泵送系统由左、右主油缸、先导阀、洗涤室、止动销、混凝土活塞、输送缸、滑阀及滑阀缸、Y 形管、料斗架组成。当压力油进入右主油缸无杆腔时，有杆腔的液压油通过闭合油路进入左主油缸，同时带动混凝土活塞缩回并产生自吸作用，这时在料斗搅拌叶片的助推作用下，料斗的混凝土通过滑阀吸入口，被吸入输送缸，直到右主轴油缸活塞行程到达终点，撞击先导阀实现自动换向后，左缸吸入的混凝土再通过滑阀输出口进入 Y 形管，完成一个吸、送行程。由于左、右主油缸是不断地交叉完成各自的吸、送行程，这样，料斗里的混凝土就源源不断地被输送到达作业点，完成泵送作业，见表 3-2。

表 3-2　混凝土泵泵送循环

	活塞	滑阀	
吸入混凝土	缩回	吸入口放开	输出口关闭
输出混凝土	推进	吸入口关闭	输出口开放

将混凝土泵安装在汽车底盘上，并用液压折叠式臂架管道来运输混凝土，不需要在现场临时铺设管道。

二、泵送混凝土的配合比

泵送混凝土除满足普通混凝土有关要求外，还应具备可泵性。可泵性与胶凝材料类型、砂子级配及砂率、石子颗粒大小及级配、水灰比及外加剂品种与掺量等因素有关。

（一）原材料要求

1. 胶凝材料

（1）水泥品质应符合国家标准。泵送混凝土可选用硅酸盐水泥、普通水泥、矿渣水泥、粉煤灰水泥，不宜采用火山灰水泥，一般采用保水性好的硅酸盐水泥或普通硅酸盐水泥。泵送大体积混凝土时，应选用水化热低的水泥。

（2）为节约水泥，保证混凝土拌和物具有必要的可泵性，在配制泵送混凝土时可掺入一定数量粉煤灰。粉煤灰质量应符合标准。

泵送混凝土的用水量与水泥及矿物掺和料的总量之比不宜大于 0.60，水泥和矿物掺和料的总量不宜小于 300 kg/m²，砂率宜为 35%~45%，掺用引气型外加剂时，其混凝土含气量不宜大于 4%。

2. 骨料

粗骨料的最大粒径与输送管径之比，当泵送高度在 50 m 以下时，对碎石不宜大于 1:3，对卵石不宜大于 1:2.5；泵送高度在 50~100 m 时，对碎石不宜大于 1:4，对卵石不宜大于 1:3；泵送高度在 100 m 以上时，对碎石不宜大于 1:5，对卵石不宜大于 1:4。粗骨料应采用连续级配，且针片状颗粒含量不宜大于 10%。宜采用中砂，其通过 0.315 mm 筛孔的颗粒含量不应小于 15%。

3. 外加剂

为节约水泥及改善可泵性，常采用减水剂及泵送剂。泵送混凝土适用于需要采用泵送工艺混凝土的高层建筑，超缓凝泵送剂用于大体积混凝土，含防冻组分的泵送剂适用于冬季施工混凝土。

（二）坍落度

规范要求进泵混凝土拌和物坍落度一般宜为 14~18 cm。但如果石子粒径适宜、级配良好、配合比适当，坍落度为 10~20 cm 的混凝土也可泵送。当管道转弯较多时，由于弯管、接头多，压力损失大，应适当加大坍落度。向下泵送时，为防止混凝土因自重下滑而引起堵管，坍落度应适当减小。向上泵送时，为避免过大的倒流压力，坍落度亦不能过大。

三、泵送混凝土施工

（一）施工准备

1. 混凝土泵的安装

（1）混凝土泵安装应水平，场地应平坦坚实，尤其是支腿支承处。严禁左右倾斜和安装在斜坡上，如地基不平，应整平夯实。

（2）应尽量安装在靠近施工现场。若使用混凝土搅拌运输车供料，还应注意车道和进出方便。

（3）长期使用时须在混凝土泵上方搭设工棚。

（4）混凝土泵安装应牢固：①支腿升起后，插销必须插准锁紧并防止振动松脱。②布管后应在混凝土泵出口转弯的弯管和锥管处，用钢钎固定。必要时还可用钢丝绳固定在地面上。

2. 管道安装

泵送混凝土布管，应根据工程施工场地特点，最大骨料粒径、混凝土泵型号、输送距离及输送难易程度等进行选择与配置。布管时，应尽量缩短管线长度，少用弯管和软管；在同一条管线中，应采用相同管径的混凝土管；同时采用新、旧配管时，应将新管布置在泵送压力较大处，管线应固定牢靠，管接头应严密，不得漏浆；应使用无龟裂、无凸凹损伤和无弯折的配管。

（1）混凝土输送管的使用要求。①管径。输送管的管径取决于泵送混凝土粗骨料的最大粒径。泵送管道及配件见表3-3。②管壁厚度。管壁厚度应与泵送压力相适应。使用管壁太薄的配管，作业中可能会产生爆管，使用前应清理检查。太薄的管应装在前端出口处。

表 3-3　泵送管道及配件

类　别		单　位	规　格
直管	管径	mm	100、125、150、175、200
	长度	m	4、3、2、1
弯管	水平角		15°、30°、45°、60°、90°
	曲率半径	m	0.5、1.0
锥形管		mm	200～175、175～150、150～125、125～100
布料管	管径	mm	与主管相同
	长度	mm	约 6000

（2）布管。混凝土输送管线宜直，转弯宜缓，以减少压力损失；接头应严密，防止漏水漏浆；浇筑点应先远后近（管道只拆不接，方便工作）；前端软管应垂直放置，不宜水平布置使用。如须水平放置，切忌弯曲角过大，以防爆管。管道应合理固定，不影响交通运输，不搞乱已绑扎好的钢筋，不使模板振动；管道、弯头、零配件应有备品，可随时更换。垂直向上布管时，为减轻混凝土泵出口处压力，宜使地面水平管长度不小于垂直管长度的四分之一，一般不宜小于15 m。如条件限制可增加弯管或环形管满足要求。当垂直输送距离较大时，应在混凝土泵机 Y 形管出料口 3~6 m 处的输送管根部设置销阀管（亦称插管），以防混凝土拌和物反流。

斜向下布管时，当高差大于 20 m 时，应在斜管下端设置 5 倍高差长度的水平管；如条件限制，可增加弯管或环形管满足以上要求。

当坡度大于 20° 时，应在斜管上端设排气装置。泵送混凝土时，应先把排气阀打开，待输送管下段混凝土有了一定压力时，方可关闭排气阀。

3. 混凝土泵空转

混凝土泵压送作业前应空运转，方法是将排出量手轮旋至最大排量，给料斗加足水空转 10 min 以上。

4. 管道润滑剂的压送

混凝土泵开始连续泵送前要对配管泵送润滑剂。润滑剂有砂浆和水泥浆两种，一般常采用砂浆。砂浆的压送方法是：

（1）配好砂浆。按设计配合比配制砂浆。

（2）将砂浆倒入料斗。并调整排出量手轮至 20～30 m³/h 处，然后进行压送。当砂浆即将压送完毕时，即可倒入混凝土，直接转入正常压送。

（3）砂浆压送出现堵塞时，可拆下最前面的一节配管，将其内部脱水块取出，接好配管，即可正常运转。

（二）混凝土的压送

1. 混凝土压送

开始压送混凝土时，应使混凝土泵低速运转，注意观察混凝土泵的输送压力和各部位的工作情况，在确认混凝土泵各部位工作正常后，才提高混凝土泵的运转速度，加大行程，转入正常压送。

如管路有向下倾斜下降段时，要将排气阀门打开，在倾斜段起点塞一个用湿麻袋或泡沫塑料球做成的软塞，以防止混凝土拌和物自由下降或分离。塞子被压送的混凝土推送，直到输送管全部充满混凝土后，关闭排气阀门。

正常压送时，要保持连续压送，尽量避免压送中断。静停时间越长，混凝土分离现象就会越严重。当中断后再继续压送时，输送管上部泌水就会被排走，最后剩下的下沉粗骨料就易造成输送管的堵塞。

泵送时，受料斗内应经常有足够的混凝土，防止吸入空气造成阻塞。

2. 压送中断措施

浇灌中断是允许的，但不得随意留施工缝。浇灌停歇压送中断期内，应采取一定的技术措施，防止输送管内混凝土离析或凝结而引起管路的堵塞。压送中断的时间一般应限制在 1 h 之内，夏季还应缩短。压送中断期内混凝土泵必须进行间隔推动，每隔 4～5 min1 次，每次进行不少于 4 个行程的正、反转推动，以防止输送管的混凝土离析或凝结。如泵机停机时间超过 45 min，应将存留在导管内的混凝土排出，并加以清洗。

3. 压送管路堵塞及其预防、处理

（1）堵管原因。在混凝土压送过程中，输送管路由于混凝土拌和物品质不

良，可泵性差；输送管路配管设计不合理；异物堵塞；混凝土泵操作方法不当等原因，常常造成管路堵塞。坍落度大，黏滞性不足，泌水多的混凝土拌和物容易产生离析，在泵压作用下，水泥浆体容易流失，而粗骨料下沉后推动困难，很容易造成输送管路的堵塞。在输送管路中混凝土流动阻力增大的部位（如 Y 形管、锥形管及弯管等部位）也极易发生堵塞。

向下倾斜配管时，当下倾配管下端阻压管长度不足，在使用大坍落度混凝土时，在下倾管处，混凝土会呈自由下流状态，在自流状态下混凝土易发生离析而引起输送管路的堵塞。由于对进料斗、输送管检查不严及压送过程中对骨料的管理不良，使混凝土拌和物中混入了大粒径的石块、砖块及短钢筋等而引起管路的堵塞。

混凝土泵操作不当，也易造成管路堵塞。操作时要注意观察混凝土泵在压送过程中的工作状态。压送困难、泵的输送压力异常及管路振动增大等现象都是堵塞的先兆，若在这种异常情况下，仍然强制高速压送，就易造成堵管。

堵塞原因见表 3-4。

表 3-4　输送管堵塞原因

项目	堵塞原因
混凝土拌和物质量	1. 坍落度不稳定； 2. 砂子用量较少； 3. 石料粒径、级配超过规定； 4. 搅拌后停留时间超过规定； 5. 砂子、石子分布不匀
泵送管道	1. 使用了弯曲半径太小的弯管； 2. 使用了锥度太大的锥形管； 3. 配管凹陷或接口未对齐； 4. 管子和管子接头漏水
操纵方法	1. 混凝土排量过大； 2. 待料或停机时间过长
混凝土泵	1. 滑阀磨损过大； 2. 活塞密封和输送缸磨损过大； 3. 液压系统调整不当，动作不协调

（2）堵管的预防。防止输送管路堵塞，除混凝土配合比设计要满足可泵性的要求，配管设计要合理。除确保混凝土的质量外，在混凝土压送时，还应采取以下预防措施：①严格控制混凝土的质量。对和易性和匀质性不符合要求的混凝土不得入泵，禁止使用已经离析或拌制后超过 90 min 而未经任何处理的混凝土。②严格按操作规程的规定操作。在混凝土输送过程中，当出现压送困难、泵的输送压力升高、输送管路振动增大等现象时，混凝土泵的操作人员首先应放慢压送速度，进行正、反转往复推动，辅助人员用木锤敲击弯管、锥形管等易发生堵塞的部位，切不可强制高速压送。

（3）堵管的排除。堵管后，应迅速找出堵管部位，及时排除。首先用木锤敲击管路，敲击时声音闷响说明已堵管。待混凝土泵卸压后，即可拆卸堵塞管段，取出管内堵塞混凝土。拆管时操作者勿站在管口的正前方，避免混凝土突然喷射。然后对剩余管段进行试压送，确认再无堵管后，才可以重新接管。

重新接入管路的各管段接头扣件的螺栓先不要拧紧（安装时应加防漏垫片），应待重新开始压送混凝土，把新接管段内的空气从管段的接头处排尽后，方可把各管段接头扣件的螺丝拧紧。

第二节　喷射混凝土施工

喷射混凝土是用压缩空气喷射施工的混凝土。喷射方法有干式喷射法、湿式喷射法、半湿喷射法及水泥裹砂喷射法等。

喷射混凝土施工时，将水泥、砂、石子及速凝剂按比例加入喷射机中，经喷射机拌匀、以一定压力送至喷嘴处加水后喷至受喷射部位形成混凝土。在喷射过程中，水泥与骨料被剧烈搅拌，在高压下被反复冲击和击实，所采用的水灰比又较小（常为 0.40~0.45），因此混凝土较密实，强度也较高。同时，混凝土与岩石、砖、钢材及旧混凝土等具有很高的黏结强度，可以在黏结面上传递一定的拉应力和剪应力，与被加固材料一起承担荷载。

喷射混凝土所用水泥要求快凝、早强、保水性好，不得有受潮结块现象。多采用强度等级 32.5 MPa 以上的新鲜普通水泥，并须加入速凝剂。也可再加入减水剂，以改善混凝土性能。所用骨料要求质地坚硬。石子最大粒径一般不大于 20 mm。砂子宜采用中、粗砂，并含有适量的粉细颗粒。喷射混凝土的配合比，装入喷射机时一般采用水泥：砂：石子 = 1：（2.0~2.5）：（2.0~2.5）；经过回弹脱落后，混凝土实际配合比接近于 1：1.9：1.5。喷射砂浆时灰砂比可采用 1：（3~4）；经回弹脱落后，所得砂浆实际灰砂比接近于 1：（2~3）。干式喷射法的混凝土加水量由操作人员凭经验进行控制，喷射正常时，水灰比常在 0.4~0.5 波动。喷射混凝土强度及密实性均较高。一般 28 d 抗压强度均在 20 MPa 以上，抗拉强度在 1.5 MPa 以上，抗渗等级在 W8 以上。将适量钢纤维加入喷射混凝土内，即为钢纤维喷射凝土。它引入了纤维混凝土的优点，进一步改善了混凝土的性能。

喷射混凝土广泛应用于薄壁结构、地下工程、边坡及基坑的加固、结构物维修、耐热工程、防护工程等。在高空或施工场所狭小的工程中，喷射混凝土更有明显的优越性。

一、喷射混凝土原材料及配合比

喷射混凝土原材料与普通混凝土基本相同，但在技术上有一些差别。

水泥。普通硅酸盐水泥，强度等级不低于 32.5 MPa，以利于混凝土早期强度的快速增长。

砂子。一般采用中砂或中、粗混合砂，平均粒径 0.35~0.5 mm。砂子过粗，容易产生回弹；过细，不仅使水泥用量增加，而且还会引起混凝土的收缩，降低强度，还会在喷射中产生大量粉尘。砂子的含水量应控制在 4%~6%。含水量过低，混合料在管路中容易分离而造成堵管；含水量过高，混合料有可能在喷射罐中就已凝结，无法喷射。

石子。用卵石、碎石均可作为喷射混凝土骨料。石料粒径为 5~20 mm，其中大于 15 mm 的颗粒应控制在 20% 以内，以减少回弹。石子的最大粒径不能超过管路直径的 1/2。石料使用前应经过筛洗。

水。喷射混凝土用水与一般混凝土对水的要求相同。

为了加快喷射混凝土的凝结硬化速度，防止在喷射过程中坍落，减少回弹，增加喷射厚度，提高喷射混凝土在潮湿地段的适应能力，一般要在喷射混凝土中掺入水泥重量 2%～4% 的速凝剂。速凝剂应符合国家标准，初凝时间不大于 5 min，终凝时间不大于 10 min。

喷射混凝土配合比应满足强度和工艺要求。水泥用量一般为 375～400 kg/m³，水泥与砂石的重量比一般为 1：4～1：4.5，砂率为 45%～55%，水灰比为 0.4～0.5。

水灰比的控制，主要依靠操作人员喷射时对进水量的调节，在很大程度上取决于操作人员的经验。若水灰比太小，喷射时不仅粉尘大，料流分散，回弹量大，而且喷射层上会产生干斑、砂窝等现象，影响混凝土的密实性；若水灰比过大，不但影响混凝土强度，而且还可能造成喷射层流淌、滑移，甚至大片坍塌。水灰比控制恰当时，喷射混凝土的表面呈暗灰色，有光泽，混凝土黏性好，能一团一团地黏附在喷射面上。水灰比的控制，除了依靠操作人员的技术水平外，还必须维持供水压力的稳定。

二、喷射混凝土施工机具

工程中常用的喷射机有冶建 69 型双罐式喷射机和 HP-Ⅲ 型转体式喷射机。

双罐式喷射机的工作原理是上罐储料，下罐工作，下罐中的干拌和料通过涡轮机构带动的输料盘，均匀地把料送到出料口，再通过压气送至喷嘴，在喷嘴处穿过水环所形成的水幕与水混合后高速喷射到岩面上。转体式喷射机的工作原理是混凝土干料从料斗落到一个多孔形的旋转体中，随孔道旋转至出料口，再在压缩空气的作用下将干料送至喷嘴，与高压水混合后喷射到岩面。转体式喷射机出料量可以调整、体积小、重量轻、操作简单，且可远距离控制，但结构复杂，制造要求高。

喷射混凝土施工，劳动条件差，喷枪操作劳动强度大，施工不够安全。有条件时应尽量利用机械手操作，它适用于大断面隧洞喷射混凝土作业。

三、喷射混凝土施工工艺

（一）施工准备

喷射混凝土前，应做好各项准备工作，内容包括搭建工作平台、检查工作面有无欠挖、撬除危石、清洗岩面和凿毛、钢筋网安装、埋设控制喷射厚度的标记、混凝土干料准备等。

（二）喷枪操作

喷枪操作直接影响喷射混凝土的质量，应注意对以下四个方面的控制：

1. 喷射角度

喷射角度是指喷射方向与喷射面的夹角。一般宜垂直并稍微向刚喷射的部位倾斜（约10°），以使回弹量最小。

2. 喷射距离

喷射距离是指喷嘴与受喷面之间的距离。其最佳距离是按混凝土回弹最小和最高强度来确定的，根据喷射试验一般为 1 m 左右。

3. 一次喷射厚度

设计喷射厚度大于 10 cm 时，一般应分层进行喷射。一次喷射太厚，特别是在喷射拱顶时，往往会因自重而分层脱落；一次喷射也不可太薄，当一次喷射厚度小于最大骨料粒径时，回弹率会迅速增高。当掺有速凝剂时，墙的一次喷射厚度为 7~10 cm，拱为 5~7 cm；不掺速凝剂时，墙的一次喷射厚度为 5~7 cm，拱为 3~5 cm。分层喷射的层间间隔时间与水泥品种、施工温度和是否掺有速凝剂等因素有关。较合理的间歇时间为内层终凝并且有一定的强度。

4. 喷射区的划分及喷射顺序

当喷射面积较大时需要进行分段、分区喷射。一般是先墙后拱，自下而上地进行。这样可以防止溅落的灰浆黏附于未喷的岩面上，以免影响混凝土与岩面的黏结，同时可以使喷射混凝土均匀、密实、平整。

施工时操作人员应使喷嘴呈螺旋形画圈，圈的直径以 20~30 cm 为宜，以一圈压半圈的方式移动。分段喷射长度以沿轴线方向 2~4 m 较好，高度方向以每次喷射不超过 1.5 m 为宜。

喷射混凝土的质量要求是表面平整，不出现干斑、疏松、脱空、裂隙、露筋等现象，喷射时粉尘少、回弹量小。

（三）养护

喷射混凝土单位体积水泥用量较大，凝结硬化快。为使混凝土的强度均匀增加，减少或防止不均匀收缩，必须加强养护。一般在喷射 2~4 h 后开始洒水养护，日洒水次数以保持混凝土有足够的湿润为宜，养护时间一般不应少于 14 d。

第三节　水下混凝土施工

一、水下浇筑混凝土组成材料

在陆上拌制而在水下浇筑（灌注）和凝结硬化的混凝土，称为水下浇筑混凝土。水下浇筑混凝土分为普通水下浇筑混凝土和水下不分散混凝土两种。水下浇筑混凝土主要依靠混凝土自身质量流动摊平，靠混凝土自身质量及水压密实，并逐渐硬化，具有强度。因此，水下浇筑混凝土具有较大的坍落度，较好的黏聚性，便于施工并防止骨料分离。水下浇筑混凝土的强度一般为陆上正常浇筑混凝土强度的 50%~90%。

根据工程的不同，水下浇筑混凝土可用开底容器法、倾注法、装袋叠层法、导管法、泵压法等施工方法进行水下浇筑施工。开底容器法适用于混凝土量少的零星工程。倾注法适用于水深小于 2 m 的浅水区。装袋叠层法适用于整体性要求较低的抢险堵漏工程。导管（包括刚性导管和柔性导管）法和泵压法使用较为普遍，适用于不同深度的静水区及大规模水下工程浇筑。

用导管法浇筑的混凝土，其粗骨料最大粒径宜小于导管直径的 1/4，拌和物坍落度宜达到 150~200 mm；用泵压法施工的混凝土，其粗骨料最大粒径宜小于管径的 1/3，拌和物坍落度应达 120~150 mm。为了使拌和物具有较好的黏聚性，防止骨料分离，水下浇筑混凝土的砂率宜较大，一般为 40%~47%。为了保证混凝土拌和物的黏聚性和其在水下的不分散性，掺用某些高分子水溶性酯类外加剂，可配制出水下不分散混凝土。

水下浇筑混凝土拌和物进入浇筑地点后及浇筑过程中，应尽量减少与水接触。用导管法施工时应将导管插入已浇筑混凝土 30 cm 以上，并随着混凝土浇筑面的上升逐渐提升导管。浇筑过程宜连续进行，直至高出水面或达到所需高度为止。

二、导管法施工

在灌注桩、地下连续墙等基础工程中，常要直接在水下浇筑混凝土。其方法是利用导管输送混凝土并使之与环境水隔离，依靠管中混凝土的自重，压管口周围的混凝土在已浇筑的混凝土内部流动、扩散，以完成混凝土的浇筑工作。

在施工时，先将导管放入水中（其下部距离底面约 100 mm），用麻绳或铅丝将球塞悬吊在导管内水位以上的 0.2 m（塞顶铺 2 或 3 层稍大于导管内径的水泥纸袋，再散铺一些干水泥，以防混凝土中骨料卡住球塞），然后浇入混凝土，当球塞以上导管和承料漏斗装满混凝土后，剪断球塞吊绳，混凝土靠自重推动球塞下落，冲向基底，并向四周扩散。球塞冲出导管，浮至水面，可重复使用。冲入基底的混凝土将管口包住，形成混凝土堆。同时不断地将混凝土浇入导管中，管外混凝土面不断被管内的混凝土挤压上升。随着管外混凝土面的上升，导管也逐渐提高（到一定高度，可将导管顶段拆下）。但不能提升过快，必须保证导管下端始终埋入混凝土内；其最大埋置深度不宜超过 5 m。混凝土浇筑的最终高程应高于设计标高约 100 mm，以便清除强度低的表层混凝土（清除应在混凝土强度达到 2~2.5 N/mm² 后方可进行）。

导管由每段长度为 1.5~2.5 m（脚管为 2~3 m）、管径 200~300 mm、厚 3~6 mm 的钢管用法兰盘加止水胶垫用螺栓连接而成。承料漏斗位于导管顶端，漏斗上方装有振动设备以防混凝土在导管中阻塞。提升机具用来控制导管的提升与下降，常用的提升机具有卷扬机、电动葫芦、起重机等。

球塞可用软木、橡胶、泡沫塑料等制成，其直径比导管内径小 15~20 mm。

水下浇筑的混凝土必须具有较大的流动性、黏聚性和良好的流动性保持能力，能依靠其自重和自身的流动能力来实现摊平和密实，有足够的抵抗泌水和离析的能力，以保证混凝土在堆内扩善过程中不离析，且在一定时间内其原有的流动性不降低。因此要求水下浇筑混凝土中水泥用量及砂率宜适当增加，泌水率控制在 2%~3%；粗骨料粒径不得大于导管的 1/5 或钢筋间距的 1/4，并不宜超过 40 mm；坍落度为 150~180 mm。施工开始时采用低坍落度，正常施工则用较大的坍落度，且维持坍落度的时间不得少于 1 h，以便混凝土能在较长的一段时间内靠其自身的流动能力实现其密实成形。

每根导管的作用半径一般不大于 3 m，所浇混凝土覆盖面积不宜大于 30 m²，当面积过大时，可用多根导管同时浇筑。混凝土浇筑应从最深处开始，相邻导管下口的标高差不应超过导管间距的 1/20~1/15，并保证混凝土表面均匀上升。

导管法浇筑水下混凝土的关键有以下两点：一是保证混凝土的供应量应大于导管内混凝土必须保持的高度，开始浇筑时导管埋入混凝土堆内必须的埋置深度所要求的混凝土量；二是严格控制导管提升高度，且只能上下升降，不能左右移动，以避免造成管内返水事故。

三、压浆混凝土施工

压浆混凝土又称预填骨料压浆混凝土，它是将组成混凝土的粗骨料预先填入立好的模板中，尽可能振实以后，再利用灌浆泵把水泥砂浆压入，凝固而成结石。这种施工方法适用于钢筋稠密、预埋件复杂、不容易浇筑和捣固的部位，也可以用在混凝土缺陷的修补和钢筋混凝土的加固工程。洞室衬砌封拱或钢板衬砌回填混凝土时，用这种方法施工，可以明显减轻仓内作业的工作强度和干扰。

压浆混凝土的粗骨料一般宜采用多级中断级配，最大粒径尽可能采用最大值，最小一级的粒径不得小于 2 mm，保持适当的空隙以便压浆。砂料宜使用细砂，其细度模数最好控制在 1.2~2.4，大于 2.5 mm 的颗粒应予筛除。

压浆混凝土的配合比，应根据预先用试验方法求得的压浆混凝土强度与砂浆强度的关系确定，然后再根据砂浆的要求强度确定砂浆的配合比。压浆混凝土的砂浆应具有良好的和易性和相当的流动度。为改善和易性，应掺入粉煤灰等活性掺和料及减水剂等。为使砂浆在初凝前略产生膨胀，还可以掺入适量的膨胀剂。

采用压浆混凝土施工，应从工程的最下部开始，逐渐上升，而且不得间断。灌浆压力一般采用 2~5 个大气压；砂浆的上升速度，以保持在 50~100 cm/h 为宜。

压浆管在填放粗骨料时同时埋入，而且还应同时埋设观测管，以便观测施工中砂浆的上升情况。管路布置时，应尽可能缩短管道长度和减少弯角。压浆管的内径一般为 2.5~3.8 cm，间距为 1.5~2.0 m。砂浆的输送，可以采用柱塞式或隔膜式灰浆泵。为防止粗粒料混入，砂浆入泵口应设置 5 mm×5 mm 筛孔的过滤筛子。

为检查压浆混凝土的质量，在达到设计龄期后，可钻取混凝土芯进行混凝土的物理力学性能试验。

压浆混凝土施工无须掺粗骨料进行搅拌，可以减少拌和量50%以上。由于粗骨料互相接触形成骨架，能减少水泥砂浆用量，因而可以使干缩减少。这种方法适宜于水下混凝土浇筑，浇筑的水泥砂浆从底部逐层向上挤，可以把水挤走，容易保证质量。用于维修工程，如果在砂浆中加入膨胀剂，可以使接触面很好黏结。存在的问题是早期强度较低，模板工程要求质量高。否则，会造成漏浆，影响质量。

四、水下不分散混凝土施工

水下不分散混凝土，就是掺入混凝土外加剂——絮凝剂后具有水下抗分散性的混凝土。它着眼于混凝土本身性质的改善，在尚未硬化的状态下即使受到水的冲刷也不分散，并能在水下形成优质、均匀的混凝土体。

（一）材料

水下不分散混凝土除絮凝剂以外，在一般的工程中可以使用与普通混凝土大致相同的材料。絮凝剂有以下五种：

UWB-1，缓凝型，适于长距离、大体积、连续浇筑及非连续浇筑的无施工缝整体工程。

UWB-2，普通型，适于一般水下工程。

UWB-3，早强型，适于对凝结、硬化有特殊要求的止水、锚固等工程。

UWB-4，双快型，用于抗洪抢险、快速修补及抢修抢建工程。

UWB-5，注浆型，用于配制稳定性水泥浆液、施工水下注浆、固结工程。

（二）混凝土搅拌

水下不分散混凝土的搅拌方式有两种：一种是将絮凝剂与水泥、骨料等同时加入进行搅拌；另一种是将絮凝剂与其他材料一起进行干拌，而后再加水搅拌。搅拌时间，根据所用搅拌机的型式及絮凝剂的种类有所不同。例如强制搅拌机须 1~3 min，可倾式搅拌机须 1~6 min。

（三）运输及浇灌

由于水下不分散混凝土的黏稠性强，与普通混凝土相比，在运输及浇灌中造成材料离析及和易性等的变化较小，同时水下不分散混凝土的抗分散性较好，不易产生因骨料离析而引起的堵泵、卡管现象，因此水下浇灌混凝土，适于使用混凝土导管、混凝土泵及开底容器浇筑。

1. 浇灌准备

在水下不分散混凝土开始浇灌之前，应检查运输、浇灌机具的类型、配套机具及其布置是否符合所制订的浇灌计划；钢筋或钢骨架等应按照设计图纸规定的位置正确布置，并且固定牢固；检查模板尺寸是否符合设计要求，模板的转角及接缝处应严密，不得跑浆；混凝土应按计划量连续浇灌，为防止万一出现故障，应留有备用机具及动力。

2. 浇灌方法

水下不分散混凝土的浇灌，应使用导管、混凝土泵或开底容器。但如果能确保所要求的混凝土质量，并且在施工时能减少对浇灌部位周围水质的污染，也可采用其他方法进行浇灌。

（1）导管法：混凝土导管应不透水，并且具有能使混凝土圆滑流下的尺寸，在浇灌中应经常充满混凝土。

混凝土导管应由混凝土的装料漏斗及混凝土流下的导管构成。导管的内径，视混凝土的供给量及混凝土圆滑流下的状态而定。钢筋混凝土施工时，导管内径与钢筋的排列有关，一般为 200~250 mm。

导管法浇灌水下不分散混凝土应采取防反窜逆流水的措施，一般采取将导管的下端插入已浇的混凝土中。如果施工需要将导管下端从混凝土中拔出，使混凝土在水中自由落下时，应确保导管内始终充满混凝土及保证混凝土连续供料，且水中自由落差不大于 500 mm，并尽快将导管插入混凝土中。

（2）泵送法：是指混凝土由混凝土泵直接压送至混凝土输送管进行浇灌。

在泵送混凝土之前，一般在输送管内先泵送水下不分散砂浆；在泵管内，先投入海绵球后泵送混凝土；在泵管的出口处安装活门，在输送管没入水之前，先在水上将管内充满混凝土，关上活门再沉放到既定位置。当混凝土输送中断时，为防止水的反窜，应将输送管的出口插入已浇灌的混凝土中。当浇灌面积较大时，可采用挠性软管，由潜水员水下移动浇灌。在移动时，不得扰动已浇灌的混凝土。施工中，当转移工位及越过横梁等须移动水下泵管时，为了不使输送管内的混凝土产生过大的水中落差及防止水在管内反窜，输送管的出口端应安装特殊的活门或挡板。

（3）开底容器法：浇灌时，将容器轻轻放入水下，待混凝土排出后，容器应缓缓地提高。开底容器的大小，在不妨碍施工的范围内，宜尽量采用大容量。底的形状，以水下不分散混凝土能顺利流出为佳。一般多采用锥形底和方形或圆柱形的料罐。

3. 浇灌

水下不分散混凝土应连续浇灌。当施工过程中不得不停顿时，续浇的时间间隔不宜超过水下不分散混凝土初凝时间。

当水下混凝土表面露出水面后再用普通混凝土继续浇灌时，应将先浇灌的水下不分散混凝土表面上的残留水分除掉，并趁着该混凝土还有流动性时立即续浇普通混凝土。此时，应将普通混凝土振实。

4. 施工管理

在浇灌水下不分散混凝土时，为得到既定质量的混凝土，应对以下项目进行施工管理：

（1）水下不分散混凝土的水中自由落差：混凝土在水中自由落下时，应对水中自由落差进行严格管理，水中自由落差应不大于 500 mm。

（2）混凝土在水下的流动状态：对浇灌中的混凝土流动面的形状、混凝土的扩展状态及填充状态应进行检查。

（3）混凝土的表面状态：浇灌完的混凝土上表面应平坦，并且各个角落都应浇灌到。

（4）混凝土的浇灌量：混凝土应按照计划进行浇灌，在浇灌中及浇灌后须对混凝土实际浇灌量进行复查，应制定出准确的浇灌量检查办法。

5. 表面抹平

当工程需要抹平时，应待混凝土的表面自密实和自流平终止后进行。

6. 养护

养护时应采取防止水下不分散混凝土在硬化过程中受动水、波浪等冲刷造成的水泥流失，以及防止混凝土被淘空的措施。当施工部位从水下到达水上时，对于暴露于空气中的混凝土，应进行与普通混凝土相同的养护。

第四节　混凝土的其他特殊施工工艺

一、自密实混凝土施工

自密实混凝土是高性能混凝土的一种。它的主要性质是混凝土拌和物具有很高的流动性而不离散、不泌水，能靠自重自行填充模板内空间，且对于密集的钢筋和形体复杂的结构都具有良好的填充性，能在不经振捣（或略做插捣）的情况下，形成密实的混凝土结构，并且还具有良好的力学性能和耐久性能。自密实混凝土对解决或改善密集配筋，薄壁、复杂形体，大体积混凝土施工及具有特殊要求、振捣困难的混凝土工程施工带来极大的方便。可避免出现由于振捣不足而造成的质量缺陷，并可消除振捣造成的噪声污染，提高混凝土施工速度。

自密实混凝土使用新型混凝土外加剂和掺用大量的活性细掺和料，通过胶结料、粗细骨料的选择与搭配的精心的配合比设计，使混凝土的屈服应力减少到适宜范围。同时又具有足够的塑性黏度，使骨料悬浮于水泥浆中，混凝土拌和物既具有高流动性，又不离析、泌水，能在自重下填充模板内空间，并形成均匀、密实的结构。

（一）自密实混凝土拌和物

1. 自密实混凝土拌和物的工作性

自密实混凝土拌和物工作性包括以下四个内容：流动性、抗离析性、间隙通过性和自填充性。这和一般普通混凝土拌和物的工作性要求是不同的。其中自填充性是最终结果，其受流动性、抗离析性和间隙通过性的影响，更是间隙通过性好坏的必然结果。间隙通过性是混凝土拌和物抗堵塞的能力，受流动性、抗离析性的支配，且受混凝土外部条件（工程部位的配筋率、模板尺寸等）的影响，它是拌和物工作性的核心内容，而流动性和抗离析性是影响间隙通过性的主要因素。

对自密实混凝土拌和物工作性必须进行检测和评价。但由于其流动性很大，常规的坍落度试验的试验精度和敏感程度对其已不大适应，也无现行标准规范，并且其工作性还受工程条件、施工工艺的影响。其真正检验标准应是混凝土的实际浇筑过程，因此最好开展类工程条件的工作性试验，以"易于浇筑、密实而不离析"作为最终目标。

（1）坍落度试验

试验设备及方法与普通混凝土相同，唯一的区别在于一次装模，插捣 5 次。测试的指标有坍落度 S、坍落扩展度 D、坍落扩展速度（$td50$：坍落扩展至 50 cm 的时间），另外，还要观察坍落扩展后的状态。

坍落度 S 和坍落扩展度 D 与屈服应力有关，反映了拌和物的变形能力和流动性。坍落扩展速度反映了拌和物的黏性，与塑性黏度相关。坍落扩展快，反映黏度小；反之，黏度大。

自密实混凝土的坍落度 S 一般应控制在 250~270 mm，不大于 280 mm；坍落扩展度 D 应控制在 550~750 mm；坍落扩展速度 td 50 一般在 2~8 s；坍落扩展后，粗骨料应不偏于扩展混凝土的中心部位，浆体和游离水不偏于扩展混凝土的四周。

（2）"倒坍落度筒"试验

它是利用倒置的坍落度筒测定筒内混凝土拌和物自由下落流出至排空的时间，作为衡量自密实混凝土拌和物可泵性的一种方法。这种方法试验条件简单、操作简便。

自密实混凝土的"倒坍落度筒"试验的时间一般应控制在 3~12 s。

2. 自密实混凝土的原材料

（1）骨料

粗骨料的粒形、尺寸和级配对自密实混凝土拌和物的工作性，尤其是对拌和物的间隙通过性影响很大。颗粒越接近圆形，针、片状含量越少，级配越好，比表面积就越小，孔隙率就越小，混凝土拌和物的流动性和抗离析性、自密实性就好。粗骨料的最大粒径越大，混凝土拌和物流动性和间隙通过性就越差，但如果粒径过小，混凝土的强度和弹性模量将降低很多。为了保证混凝土拌和物有足够的黏聚性和抗堵塞性，以及足够的强度和弹性模量，故宜选用粒径较小（5~20 mm）、孔隙率小、针片状含量小（≤5%）、级配较良好的粗骨料。

为了使自密实混凝土有好的黏聚性和流动性，砂浆的含量就较大，砂率也就较大。并且为了减小用水量，细骨料宜选用细度模数大（2.7~3.2 mm）的偏粗中砂，砂子的含泥量和泥块含量也应很小。

（2）外加剂

自密实混凝土由于其流动性高，黏聚性、保塑性好，水泥浆体丰富，拌制用水量就大。为了降低胶凝材料的用量和保证混凝土具有足够的强度，就必须掺用高效的混凝土减水剂来降低用水量和水泥用量，以获得较低的水灰比，使混凝土结构具有所需的强度。因此高效的混凝土减水剂是配制自密实混凝土的一种关键原材料。

自密实混凝土对外加剂性能的要求是能使混凝土拌和物具有优良的流化性能、保持流动性的性能、良好的黏聚性和泵送性、合适的凝结时间与泌水率，能提高混凝土的耐久性。因此它不是一种简单的减水剂，而是一种多功能的复合外加剂，具有减水流化、保塑、保水增黏、减少泌水离析、抑制水泥早期水化放热等多功能。

另外，根据工程的实际情况，为了增加混凝土结构的密实性和耐久性，还可掺入一定量的混凝土膨胀剂。

（3）胶凝材料

根据自密实混凝土的性能要求，可以认为适于配制自密实混凝土的胶凝材料应具有以下特性：①和外加剂相容性好，有较低需水性，能获得低水灰比下的流动性、黏聚性、保塑性良好的浆体；②能提供足够的强度；③水化热低、水化发热速度小；④早期强度发展满足需要。由此可见，单一的水泥胶凝材料已无法满足要求，解决的途径是将水泥和活性细掺和料适当匹配复合来满足自密实混凝土对胶凝材料的需要。

水泥应选用标准稠度低、强度等级不低于 42.5 MPa 的硅酸盐水泥、普通硅酸盐水泥。

活性细掺和料是配制自密实混凝土不可缺少的组分，它能够调节浆体的流动性、黏聚性和保塑性，从而调节混凝土拌和物的工作性，降低水化热和混凝土温升，增加其后期强度，改善其内部结构，提高混凝土的耐久性，并且还能抑制碱-骨料的发生。

粉煤灰是用煤粉炉发电的电厂排放出的烟道灰，由大部分直径以 μm 计的实心或中空玻璃微珠及少量的莫来石、石英等结晶物质组成。在粉煤灰的化学组成中，SiO_2 占 40%~60%，Al_2O_3 占 17%~35%，它们是粉煤灰活性的主要来源。当在混凝土掺入粉煤灰后，首先，由于其独特的球形玻璃体结构能在混凝土中起"润滑"作用而改善拌和物的工作性；其次，由于粉煤灰颗粒填充于水泥颗粒之间，使水泥颗粒充分"解絮"扩散，改善了拌和物的和易性，增强了黏聚性和浇筑密实性。当混凝土结构硬化后，粉煤灰中的活性 SiO_2 和 Al_2O_3 将缓慢与水泥水化反应生成的 Ca（OH）$_2$ 发生水化反应（即二次水化反应），使混凝土结构更致密，后期强度及结构耐久性也不断提高。在混凝土掺入粉煤灰后，可降低水泥的用量，使水化热的峰值降低，有利于大体积混凝土的施工和避免混凝土结构开裂。

3. 自密实混凝土的配合比设计

自密实混凝土目的是配合比各要素和硬化前后的各性能之间达到矛盾的统一。它首先要满足工作性能的需要，工作性能的关键是抗离析的能力和填充性；其次，混凝土凝结硬化后，其力学性能和耐久性指标也应满足结构的工作需要。

当具有很高流动性的混凝土拌和物流动时，在拥挤和狭窄的部位，粗大的颗粒在频繁的接触中很容易成拱，阻塞流动；低黏度的砂浆在通过粗骨料的空隙时，砂子很可能被阻塞在骨料之间，只有浆体或水通过间隙。因此混凝土拌和物的堵塞行为是和离析、泌水密切相关。流变性能良好的自密实混凝土拌和物应当具备两个要素，即较小的粗骨料含量和足够黏度的砂浆。其中粗骨料体积含量是控制自密实混凝土离析的一个重要因素。具有较少粗骨料含量的拌和物对流动堵塞有较高的抵抗力，但是粗骨料含量过小又会使混凝土硬化后的弹性模量下降较多并产生较大的收缩，因此在满足工作性要求的前提下应当尽量增加粗骨料用量。一般 1 m^2 自密实混凝土中粗骨料的松散体积为 0.50~0.55 m^3 比较适宜。

对于砂浆来说，是由砂子和水泥浆组成。根据有关试验表明，砂子在砂浆中的体积含量超过 42% 以后，堵塞随砂体积含量的增加而增加；当砂体积含量超过 44% 后，堵塞的概率为 100%。因此砂浆中砂的含量不能超过 44%。当砂体积含量小于 42% 时，虽可保证不堵塞，但砂浆的收缩却会随体积的减小而增大，故砂浆中砂的体积含量也不应小于 42%。

（二）免振自密实混凝土的搅拌和运输

1. 搅拌要点

（1）搅拌时每盘计量允许偏差不超过 2%。

（2）准确控制拌和用水量，仔细测定砂石中的含水率，每工作班测 2 次。

（3）投料顺序：投入粗骨料→细骨料→喷淋加水 W_1→水泥→掺和料→剩余

水 W_2。搅拌 30 s 后加入高效减水剂，搅拌 90 s 后出料。

2. 运输要点

（1）罐车装入混凝土前应仔细检查并排除车内残存的刷车水。

（2）自密实混凝土的运送及卸料时间控制在 2 h 以内，以保证自密实混凝土的高流动性。

（三）自密实混凝土的浇筑和养护

1. 浇筑

（1）检查模板拼缝不得有大于 1.5 mm 的缝隙。

（2）泵管使用前用水冲净，并用同配比减石砂浆冲润泵管，以利于垂直运输。

（3）卸料前罐车高速旋罐 90 s 左右，再卸入混凝土输送泵，由于触变作用可使混凝土处于最佳工作状态，有利于混凝土自密实成型。

（4）保持连续泵送，必要时降低泵送速度。

自密实混凝土浇筑时应控制好浇筑速度，不能过快。要防止过量空气的卷入或混凝土供应不足而中断浇筑。因为随着浇筑速度的增加，免振自密实混凝土比一般混凝土输送阻力的增加明显增大，且呈非线性增长，故为保证混凝土质量，浇筑时应保持缓和而连续的浇筑。施工前要注意制订好混凝土浇筑及泵送配管计划。

（5）自密实混凝土浇筑时，尽量减少泵送过程对混凝土高流动性的影响，使其和易性能不变。

（6）浇筑过程中设置专门的专业技术人员在施工现场值班，确保混凝土质量均匀稳定，发现问题及时调整。

（7）浇筑时在浇筑范围内尽可能减少浇筑分层（分层厚度取为 1 m），使混凝土的重力作用得以充分发挥，并尽量不破坏混凝土的整体黏聚性。

（8）使用钢筋插棍进行插捣，并用锤子敲击模板，起到辅助流动和辅助密实的作用。

（9）自密实混凝土浇筑至设计高度后可停止浇筑，20 min 后再检查混凝土标高，如标高略低再进行复筑，以保证达到设计要求。

2. 养护

（1）自密实混凝土浇筑完毕后，梁面采用无纺布进行覆盖，柱面采用双层塑料布包裹，以防止水分散失。终凝后立即洒水养护，不间断保持湿润状态。

（2）养护时间不少于 14 d，混凝土表面与内部温差小于 25 ℃。

二、埋石及堆石混凝土施工

（一）埋石混凝土施工

混凝土施工中，为节约水泥，降低混凝土的水化热，常埋设大量块石。埋设块石的混凝土即称为埋石混凝土。

埋石混凝土对埋放块石的质量要求是：石料无风化现象和裂隙，完整，形状方正，并经冲洗干净风干。块石大小不宜小于 300 mm。

埋石混凝土的埋石方法采用单个埋设法，即先铺一层混凝土，然后将块石均匀地摆上，块石与块石之间必须有一定距离。

1. 先埋后振法

即铺填混凝土后，先将块石摆好，然后将振捣器插入混凝土内振捣。先埋后振法的块石间距不得小于混凝土粗骨料最大粒径的两倍。由于施工中有时块石供应赶不上混凝土的浇筑，特别是人工抬石入仓更难与混凝土铺设取得有节奏的配合，因此先埋后振法容易使混凝土放置时间过长，失去塑性，造成混凝土振动不良，块石未能很好地沉放混凝土内等质量事故。

2. 先振后埋法

即铺好混凝土后即进行振捣，然后再摆块石。这样人工抬石比较省力，块石间的间距可以大大缩短，只要彼此不靠即可。块石摆好后再进行第二次的混凝土的铺填和振捣。

从埋石混凝土施工质量来看，先埋后振比先振后埋法要好，因为，块石是借振动作用挤压到混凝土内去的。为保证质量，应尽可能不采用先振后埋法。

埋石混凝土块石表面凸凹不平，振捣时低凹处水分难于排出，形成块石表面水分过多；水泥砂浆泌出的水分往往集中于块石底部；混凝土本身的分离，粗骨料下降，水分上升，形成上部松散层；埋石延长了混凝土的停置时间，使它失去塑性，以致难于捣实。这些原因会造成块石与混凝土的胶结强度难以完全得到保证，容易造成渗漏事故。因此迎水面附近 1.5 m 内，应用普通防渗混凝土，不埋块石；基础附近 1.0 m 内，廊道、大孔洞周围 1.0 m 内，模板附近 0.3 m 内，钢筋和止水片附近 0.15 m 内，都要采用普通混凝土，不埋块石。

（二） 堆石混凝土施工

堆石混凝土（Rock Filled Concrete，RFC），是利用自密实混凝土（SCC）的高流动、抗分离性能好及自流动的特点，在粒径较大的块石（在实际工程中可采用块石粒径在 300 mm 以上）内随机充填自密实混凝土而形成的混凝土堆石体。它具有水泥用量少、水化温升小、综合成本低、施工速度快、良好的体积稳定性、层间抗剪能力强等优点，在迄今进行的筑坝试验中已取得了初步的成果。

堆石混凝土在大体积混凝土工程中具有广阔的应用前景，目前主要用于堆石混凝土大坝施工。

1. 堆石混凝土浇筑仓面处理

基岩面要求：清除松动块石、杂物、泥土等，冲洗干净且无积水。对于从建基面开始浇筑的堆石混凝土，宜采用抛石型堆石混凝土施工方法。

仓面控制标准：自密实混凝土浇筑宜以大量块石高出浇筑面 50~150 mm 为限，加强层面结合。

无防渗要求部位：清洗干净无杂物，可简单拉毛处理。

有防渗要求部位：须凿毛处理。无杂物，无乳皮成毛面，表面清洗干净无积水。

2. 入仓堆石要求

（1）堆石混凝土所用的堆石材料应是新鲜、完整、质地坚硬、不得有剥落层和裂纹。堆石料粒径不宜小于 300 mm，不宜超过 1.0 m，当采用 150~300 mm 粒径的堆石料时应进行论证；堆石料最大粒径不应超过结构断面最小边长的 1/4、厚度的 1/2。

（2）堆石材料按照饱和抗压强度划分为 6 级，即不小于 80 MPa、70 MPa、60 MPa、50 MPa 和 40 MPa。其饱和抗压强度采用直径 50 mm、高度 100 mm 或长宽高为 50 mm×50 mm×100 mm 岩石试件的饱和极限抗压强度确定。

（3）码砌块石时，对入仓块石进行选择性摆放，并保证外侧块石与外侧模板之间空隙在 5~8cm 为宜。

3. 混凝土拌制

自密实混凝土（SCC）一般采用硅酸盐水泥、普通硅酸盐水泥配制，其混凝土和易性、匀质性好，混凝土硬化时间短。一般水泥用量为 350~450 kg/m³。一般掺用粉煤灰。选用高效减水剂或高性能减水剂，可使商品混凝土获得适宜的黏度和良好的黏聚性、流动性、保塑性。

自密实混凝土宜使用强制式拌和机，当采用其他类型的搅拌设备时，应根据需要适当延长搅拌时间。

4. 混凝土浇筑

混凝土采用混凝土输送泵输送至仓面，对仓面较长的情况，按照 3~4 m 方块内至少设置一个下料点。为防止浇筑高度不一致对模板产生影响，必须保证平衡浇筑上升，并保证供料强度，以免下一铺料层在未初凝的情况下及时覆盖。

自密实混凝土平衡浇筑至表面出现外溢，块石满足 80% 左右尖角出露 5 cm 以上为宜，以便下一仓面与之结合良好。

5. 混凝土养护

堆石混凝土浇筑完成 72 h 后，模板方可拆除。采用清水进行喷雾养护，对低温天气，采用保温被覆盖养护，其养护时间不得低于 28 d。

三、混凝土真空作业

混凝土的真空作业，就是在混凝土浇筑振捣完毕而尚未凝固之前，采用真空方法产生负压，并作用在混凝土拌和物上，将其中多余的水分抽出来，减少水灰比，提高混凝土强度，同时使混凝土密实。混凝土的真空作业可提高混凝土的密

实性、抗冲耐磨性、抗冻性，以及增大强度，减少表面缩裂。

（一） 真空作业系统

真空作业系统包括真空泵机组、真空罐、集水罐、连接器、真空盘等。

真空盘（真空模板）用于水平的混凝土浇筑面，它的表面有一层滤布，下有细眼和粗眼的铁丝网各一层。这些粗、细丝网都钉在真空盘的边框上。盘的背面有一个吸水管嘴，控制约 1 m² 的抽水面积。模板的板缝及正面的四周都用沥青和橡皮条密封，使其不漏气。

真空模板用于垂直或倾斜的混凝土表面，除了具有较多的吸水管嘴外，其他构造与真空盘完全相同，只要架立固定起来即可。

（二） 真空吸水施工

1. 混凝土拌和物

采用真空吸水的混凝土拌和物，按设计配合比适当增大用水量，水灰比可为 0.48~0.55，其他材料维持原设计不变。

2. 作业面准备

按常规方法将混凝土振捣密实，抹平。因真空作业后混凝土面有沉降，此时混凝土应比设计高度略高 5~10 mm，具体数据由试验确定。然后在过滤布上涂上一层石灰浆或其他防止黏结的材料，以防过滤布与混凝土黏结。

3. 真空作业

混凝土振捣抹平后 15 min，应开始真空作业。开机后真空度应逐渐增加，当达到要求的真空度（500~600 mmHg，67~80 kPa），开始正常出水后，真空度保持均匀。结束吸水工作前，真空度应逐渐减弱，防止在混凝土内部留下出水通路，影响混凝土的密实度。

真空吸水时间（min）宜为作业厚度（cm）的 1~1.5 倍，并以剩余水灰比来检验真空吸水效果。真空作业深度不宜超过 30 cm。

模板、吸盘真空腔真空度为 500 mmHg（约 67 kPa）高度。从经济角度考虑，真空度以 450~600 mm 汞柱为宜。真空作业虽然只是把表层混凝土的水分吸出，但在建筑物中，如坝的迎水面、溢流面、护垣、消力池及陡坡等部位，表层混凝土的抗渗、抗冻、抗磨性能的提高，可以大大提高整个建筑物的耐久性能。如果抽水后的混凝土尚未开始初凝，可进行第二次振捣，这样还将更进一步提高混凝土的密实性。

真空吸水作业完成后要进一步对混凝土表面研压抹光，保证表面的平整。

在气温低于 8 ℃ 的条件下进行真空作业时，应注意防止真空系统内水分冻结。真空系统各部位应采取防冻措施。

每次真空作业完毕，模板、吸盘、真空系统和管道应清洗干净。

混凝土的特殊施工工艺还有许多，篇幅所限。这里不再过多介绍，有兴趣的读者可参阅其他相关资料来学习。

第四章　钢筋混凝土柱、墙工程

第一节　混凝土柱施工设计

一、混凝土构件的一般构造要求

（一）材料强度等级

混凝土：C25 和 C30 用于多层房屋；C40、C50 和 C60 用于高层建筑底层柱。

纵筋：HRB400 和 HRB335 等高强度钢筋不宜采用。

（二）构件截面

轴心受压：方形、圆形、正多边形。

偏心受压：矩形、工字形。

截面尺寸：方形、矩形截面，不宜小于 250 mm×250 mm，宜用 50 mm 的倍数（不大于 800 mm）或 100 mm 的倍数（大于 800 mm）；工字形截面的翼缘厚 ≥120 mm，腹板厚≥100 mm。

（三）纵向受力钢筋

直径：$d = 16 \sim 32$ mm。

根数：4 根（四角必须有）。

布置：轴心受压柱应沿截面周边均匀布置；偏心受压柱应布置在弯矩作用的两侧边。

钢筋中距@ 350 mm，净距@ 50 mm。

最小配筋率：0.4%（轴心受压柱）、0.2%（偏心受压柱的受压纵筋）、0.15%（偏心受压柱的受拉纵筋，且混凝土强度等级为 C35）、0.2%（偏心受压柱的受拉纵筋，且混凝土强度等级为 C40～C60）。

最大配筋率：5%（全部为纵筋）。

（四）纵向构造钢筋

当柱截面高度大于 400 mm 时，应设 $d = 12～32$ mm 的纵向构造钢筋，同时应设置拉筋或附加箍筋。

（五）箍筋

形式：封闭式；对于截面形状复杂的柱，不应采用内折角箍筋。

直径：6 mm（热轧钢筋）、8 mm。

间距：400 mm，截面短边尺寸（绑扎骨架）；400 mm，截面短边尺寸（焊接骨架）；在纵筋搭接范围内加密。

二、混凝土柱的正截面受压承载力

一般把钢筋混凝土柱按照箍筋的作用及配置方式的不同分为两种：配有纵向钢筋和普通箍筋的柱，简称普通箍筋柱；配有纵筋和螺旋式（或焊接环式）箍筋的柱，简称螺旋箍筋柱。

（一）受力分析和破坏形态

配有纵筋和箍筋的短柱，在轴心荷载作用下，整个截面的应变基本上是均匀分布的。当荷载较小时，混凝土和钢筋均处于弹性阶段，柱子压缩变形的增加与荷载的增加成正比，纵筋和混凝土的压应力的增加也与荷载的增加成正比。当荷载较大时，由于混凝土塑性变形的发展，压缩变形增加的速度快于荷载增长速度，纵筋配筋率越小，这个现象越明显。同时，在相同荷载增量下，钢筋的压应力比混凝土的压应力增加得快。随着荷载的继续增加，柱中开始出现微细裂缝，在临近破坏荷载时，柱四周出现明显的纵向裂缝，箍筋间的纵筋发生压屈，向外凸出，混凝土被压碎，柱子即告破坏。

在计算时，以构件的压应变达到 0.002 为控制条件，此时混凝土达到了棱柱

体抗压强度 f_c ，相应的纵筋应力值为 400 N/mm²；这对于 HPB300 级、HRB335 级、HRB400 级和 RRB400 级热轧钢筋已达到屈服强度。而对于屈服强度或条件屈服强度大于 400 N/mm² 的钢筋，在计算 f_y 时只能取 400 N/mm²。

试验表明，长柱的破坏荷载低于其他条件相同的短柱破坏荷载，长细比越大，其承载能力降低越多。其原因是，长细比越大，由各种偶然因素造成的初始偏心距将越大，从而产生的附加弯矩和相应的侧向挠度也越大。对于长细比很大的细长柱，还可能发生失稳破坏现象。此外，在长期荷载作用下，由于混凝土的徐变，侧向挠度将增大更多，从而使长柱的承载力降低得更多；长期荷载在全部荷载中所占的比例越多，其承载力降低得越多。

(二) 承载力计算公式

《混凝土结构设计规范》给出的轴心受压构件承载力计算公式如下：

$$N \leq 0.9\varphi(f_c A + f_y A'_s)$$

式中：N 为轴向力设计值；0.9 为可靠度调整系数；φ 为钢筋混凝土构件的稳定系数；f_c 为混凝土的轴心抗压强度设计值；A 为构件截面面积；f_y 为纵向钢筋的抗压强度设计值；A'_s 为全部纵向钢筋的截面面积。

当纵向钢筋的配筋率大于 3% 时，式中 A 应改为 $A - A'_s$。

三、偏心受压柱的正截面受压破坏形态

(一) 受拉破坏形态

受拉破坏又称大偏心受压破坏，其发生于轴向力 N 的相对偏心距较大，且受拉钢筋配置得不太多时。此时，在靠近轴向力作用的一侧受压，另一侧受拉。随着荷载的增加，首先在受拉区产生横向裂缝；荷载不断增加，受拉区的裂缝随之不断开展，在破坏前主裂缝逐渐明显，受拉钢筋的应力达到屈服强度，进入流幅阶段，受拉变形的发展大于受压变形，中性轴上升，然后使混凝土受压区高度迅速减小，最后受压区边缘混凝土达到其极限压应变值，出现纵向裂缝而使混凝土被压碎，构件即告破坏。这类破坏属延性破坏，破坏时受压区的纵筋也能达到受

压屈服强度。总之，受拉破坏形态的特点是受拉钢筋先达到屈服强度，导致受压区混凝土被压碎，与适筋梁破坏形态相似。

（二）受压破坏形态

受压破坏形态又称小偏心受压破坏。截面破坏是从受压区开始的，发生于以下两种情况：

第一，当轴向力 N 的相对偏心距较小时，构件截面全部受压或大部分受压，一般情况下截面破坏是从靠近轴向力 N 作用一侧的受压混凝土边缘处开始的。破坏时，受压应力较大一侧的混凝土被压坏，同侧的受压钢筋的应力也达到抗压屈服强度。而离轴向力 N 较远一侧的钢筋（以下简称"远侧钢筋"），可能受拉也可能受压，但都不屈服。

只有当偏心距很小（对矩形截面 $e_0 \leqslant 0.15$）而轴向力 N 又较大时，才可能受压屈服。

当相对偏心距很小且 A'_s，比 A_s 大得很多时，也可能在离轴向力较远的一侧混凝土被先压坏，称为反向破坏。

第二，轴向力 N 的相对偏心距虽然较大，但配置了特别多的受拉钢筋，致使受拉钢筋始终不屈服。破坏时，受压区边缘混凝土达到极限压应变值，受压钢筋应力达到抗压屈服强度，而远侧钢筋受拉则不屈服。破坏无明显预兆，压碎区段较长，混凝土强度越高，破坏越具有突然性。

总之，受压破坏形态或称小偏心受压破坏形态的特点是混凝土先被压碎，远侧钢筋可能受拉也可能受压，但都不屈服，属于脆性破坏类型。

在受拉破坏形态和受压破坏形态之间存在着一种界限破坏形态，称为"界限破坏"。它不仅有横向主裂缝，还比较明显。其主要特征是：在受拉钢筋应力达到屈服强度时，受压区混凝土被压碎。界限破坏形态也属于受拉破坏形态。

（三）长柱的正截面受压破坏

试验表明，钢筋混凝土柱在承受偏心受压荷载后，会产生纵向弯曲。但长细比小的柱，即所谓"短柱"，由于纵向弯曲小，在设计时一般可忽略不计。而对于长细比较大的柱则不同，会产生较大的纵向弯曲，设计时必须予以考虑。

偏心受压长柱在纵向弯曲影响下，可能发生两种形式的破坏。当柱的长细比很大时，构件的破坏不是由构件的材料引起的，而是由构件纵向弯曲失去平衡引起的，这种破坏特征称为失稳破坏。当柱的长细比在一定范围内时，虽然在承受偏心受压荷载后，偏心距增加，使柱的承载能力比同样截面的短柱减小，但就其破坏本质来讲，跟短柱破坏相同，属于"材料破坏"，即为截面材料强度耗尽的破坏。

第二节　柱钢筋绑扎与柱模板安装

一、柱钢筋绑扎

1. 一般规定

（1）柱钢筋的绑扎应在模板安装前进行。

（2）矩形柱中的竖向钢筋搭接时，四角钢筋的弯钩应与模板成45°，多边形柱为模板内角的平分角，圆形柱应与模板切线垂直，中间钢筋的弯钩应与模板成90°。如果用插入式振捣器浇筑小型截面柱，则弯钩与模板的角度不得小于15°。

（3）下层柱的钢筋露出楼面部分，应用工具式柱箍将其收进一个柱筋直径，以利于上层柱的钢筋搭接。当柱截面有变化时，其下层柱钢筋的露出部分，必须在绑扎梁的钢筋之前先行收缩准确。

（4）框架梁、牛腿及柱帽等钢筋应放在柱的纵向钢筋内侧。

2. 准备工作

（1）钢筋下料完成后，核对基础成品钢筋的钢号、直径、形状、尺寸和数量与料单、料牌是否相符，如有不符，必须立即纠正。

（2）扎丝。柱钢筋绑扎用的扎丝要稍微长一些，因为柱中的钢筋一般相对粗一些，其长度要满足绑扎要求。

（3）垫块。宜用与结构等强度的细石混凝土制成，长×宽＝50 mm×50 mm，厚度同柱混凝土保护层，垫块中预留好扎丝，以便绑扎。

（4）也可用钢筋卡、拉筋、支撑筋。

3. 绑扎柱钢筋

绑扎柱钢筋的工艺流程：基层清理—弹放柱子线—检查、修理柱钢筋—套柱子箍筋—搭接绑扎柱纵向受力钢筋—画箍筋位置线—绑扎箍筋。

（1）基层清理。剔除混凝土表面浮浆，清除结构层表面的水泥薄膜、松动的石子和软弱的混凝土层，并用水冲洗干净。

（2）弹放柱子线。将柱截面的外皮尺寸线弹在已经施工完的结构面上。

（3）检查、修理柱钢筋。根据弹好的外皮尺寸线，检查下层预留搭接钢筋位置、数量、长度，如不符合要求，应进行调整处理。绑扎前先整理调直下层伸出的搭接钢筋，并将钢筋上的锈蚀、水泥砂浆等污垢清理干净。

（4）套柱子箍筋。按图样要求的间距，计算好每根柱须用箍筋的数量，将箍筋套在下层伸出的搭接钢筋上。

（5）搭接绑扎柱纵向受力钢筋。立柱子纵向钢筋，与搭接钢筋进行绑扎。在搭接长度内，绑扎连接时绑扎扣不少于三个，绑扣要面向柱中心。

（6）画箍筋位置线。在立好的柱子竖向钢筋上，按图样要求用粉笔画好箍筋位置线。

（7）绑扎箍筋：

①按画好的箍筋位置线，将已套好的箍筋往上移，由上往下采用缠扣绑扎。

②箍筋与纵向钢筋要垂直，箍筋转角处与纵向钢筋交点应逐点绑扎，绑扣相互之间呈八字形，纵向钢筋与箍筋非转角部分的交点可呈梅花式交错绑扎。

③箍筋弯钩叠合处应沿柱子纵向钢筋交错布置，并绑扎牢固。

④有抗震要求的地区，箍筋端头应弯成 $135°$，平直部分长度不小于 $10d$。

⑤在有些柱子中，为了保证柱中的钢筋连接，还设计有拉筋，拉筋绑扎应钩住箍筋。

⑥将准备好的混凝土垫块竖绑在柱钢筋上，间距一般为 $1m$。以保证纵向钢筋保护层厚度准确。此处所用的混凝土垫块上应带有扎丝。

二、知识储备

柱模板由四侧竖向模板和柱箍组成。模板主要承受新浇混凝土的侧压力和倾倒混凝土的振动荷载,荷载计算与梁的侧模相同。倾倒混凝土时对侧面模板产生的水平荷载按 2 kN/m² 采用。

(一) 柱箍及拉紧螺栓

柱箍为模板的支撑,其间距 S 由柱侧模板刚度来控制。按两跨连续梁计算,其挠度按下式计算,并满足以下条件:

$$w = \frac{K_w q S^2}{100 E_1 I} \leqslant [w] = \frac{S}{400}$$

整理得:

$$S = \sqrt[3]{\frac{E_1 I}{4 K_w q}}$$

式中:S ——柱箍的间距(mm);

w ——柱箍的挠度(mm);

$[w]$ ——柱模的容许挠度值(mm);

E_1 ——木材的弹性模量,取 $E_1 = 9.5 \times 10^3$ N/mm²;

I ——柱模板截面的惯性矩,$I = \dfrac{bh^3}{12}$ mm⁴。

b ——柱模板宽度(mm);

h ——柱模板厚度(mm);

K_w ——系数,两跨连续梁 $K = 0.521$;

q ——侧压力线荷载,如模板每块拼接板宽度为 100 mm,则 $q = 0.1 F$(柱模受到的混凝土侧压力,kN/m²)。

柱箍的截面选择:如图 4-1 所示,对于长边,如设置钢拉杆,则按悬臂简支梁计算;如不设钢拉杆,则按简支梁计算。

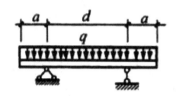

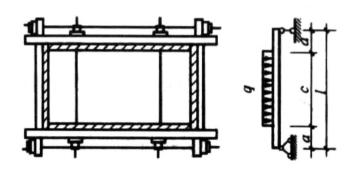

图 4-1　柱箍长、短边计算简图

$$M_{minx} = (1 - 4\lambda^4)\frac{q_1 d^2}{8}$$

柱箍长边需要的截面抵抗矩：

$$W_1 = \frac{M_{max}}{f_m} = (d^2 - 4a^2)\frac{q_1}{104}$$

对于短边按简支梁计算，其最大弯矩按下式计算：

$$M_{max} = (2 - \eta)\frac{q_2 d}{8}$$

柱箍短边需要的截面抵抗矩：

$$W_2 = \frac{M_{max}}{f_m} = (2l - c)\frac{q_2 c}{104}$$

式中：M_{max} ——柱箍长、短边最大弯矩（N·mm）；

d ——长边跨中长度（mm）；

λ ——悬臂部分长度 a 与跨中长度 d 的比值；

q_1——作用于长边上的线荷载（N/mm）；

q_2——作用于短边上的线荷载（N/mm）；

c ——短边线荷载分布长度（mm）；

l——短边计算长度（mm）；

η——c 与 l 的比值，即 $\eta = \dfrac{c}{l}$；

W_1、W_2——柱箍长、短边截面抵抗矩（mm³）；

f_m——木材抗弯强度设计值，取 13 kN/m²。

柱箍所采用单根方木箱矩形钢箍加楔块加紧，或两根方木中间用螺栓加紧。螺栓受到的拉力 N 等于柱箍处的反力。拉紧螺栓的拉力 N 和需要的截面面积按下式计算：

$$N = \frac{1}{2}q_3 l_1$$

$$A_0 = \frac{N}{f_t^b} = \frac{q_3 l_1}{170}$$

式中：q_3——作用于柱箍上的线荷载（N/mm）；

l_1——柱箍的计算长度（mm）；

A_0——螺栓需要的截面面积（mm²）；

f_t^b——螺栓抗拉强度设计值，取 170 N/mm²。

（二）模板的截面尺寸

模板按简支梁考虑，模板承受的弯矩值 M 需要的厚度按下式计算：

$$M = \frac{1}{8}q_1 S^2 = f_m \cdot \frac{1}{6}bh^2$$

整理得：

$$h = \frac{S}{4.2}\sqrt{\frac{q_1}{b}}$$

按挠度需要的厚度按下式计算：

$$\omega_A = \frac{5q_2 S^4}{384EI} \leqslant [\omega] = \frac{S}{400}$$

整理得：

$$h = \frac{S}{5.3}\sqrt[3]{\frac{q_2}{b}}$$

式中：M——柱模板承受的弯矩（N·mm）；

q_1、q_2——柱模所承受的设计荷载、标准线荷载（N/mm）；

S——柱箍间距（mm）；

b——柱模板宽度（mm）；

h——柱模板厚度（mm）；

E——木材的弹性模量，取 $9.5×10^3$ N/mm^2；

I——柱模截面惯性矩。

第三节　柱混凝土浇筑

一、施工准备

1. 水泥

（1）水泥拟选用 32.5 号以上的普通硅酸盐水泥。

（2）当水泥进场时，应有出厂合格证或试验报告，并要核对其品种、标号、出厂日期，使用前若发现受潮或过期，应重新取样试验。

（3）水泥质量证明书中各项品质指标应符合标准中的规定，品质指标包括氧化镁含量、三氧化硫含量、烧失量、细度、凝结时间、安定性、抗压和抗折强度。

（4）混凝土的最大水泥用量不宜大于 500 kg/m^3。

2. 砂

（1）拟优先选用优质河砂，严禁采用含氯量大的海砂。

（2）对于泵送混凝土，砂子宜用中砂，砂率宜控制在 40%~50%。

（3）砂的含泥量（按重量计），当混凝土强度等级高于或等于 C30 时，不大于 3%；低于 C30 时，不大于 5%，对有抗渗、抗冻或其他特殊要求的混凝土用砂，其含泥量不应大于 3%，对 C10 或 C10 以下的混凝土用砂，其含泥量可酌情放宽。

3. 石子

（1）宜选用花岗岩碎石。

（2）石子最大粒径不得大于结构截面尺寸的 1/4，同时不得大于钢筋间最小净距的 3/4。混凝土实板骨料的最大粒径不宜超过板厚的 1/2，且不得超过 50 mm。对于泵送混凝土，碎石最大粒径与输送管内径之比，宜小于或等于 1∶3，卵石宜小于或等于 1∶2.5。

（3）石子的含泥量（按重量计）当混凝土强度等于或高于 C30 时，不大于 1%；低于 C30 时，不大于 2%；对有抗冻、抗渗或其他特殊要求的混凝土，石子的含泥量不大于 1%；对 C10 或 C10 以下的混凝土，石子的含泥量可酌情放宽。

（4）石子中针、片状颗粒的含量（按重量计），当混凝土等级高于或等于 C30 时，不大于 1 5%；低于 C30 时，不大于 25%；对 C10 或 C10 以下的混凝土，可以放宽到 40%。

4. 水

符合国家标准的生活饮用水可拌制各种混凝土，不须再进行检验。

5. 外加剂

减水剂、早强剂、缓凝减水剂等应符合有关标准的规定，其掺量须经试验符合要求后，方可使用。

6. 主要机具

混凝土搅拌机、磅（或自动计量设备）、双轮手推车、小翻斗车、尖锹、平锹、混凝土吊斗、插入式振动器、平板式振动器、木抹子、长抹子、铁板、胶皮水管、串桶、塔式起重机等。

二、作业条件

墙柱部位：

一是核实墙内预埋件、预留孔洞、水电预埋管线、盒（槽）的位置、数量及固定情况。

二是检查模板下口、洞口及角模拼缝处是否严密，边角柱加固是否可靠，各种连接件是否牢固。

三是检查并清理模板内的残留杂物，用水冲净。常温下用水湿润模板。

商品混凝土搅拌站的要求：

一是项目部已对搅拌站下达任务单。下达任务单必须包括工程名称、地点、部位、数量，对混凝土的各项技术要求（强度等级、抗渗等级、缓凝及特种要求）、现场施工方法、生产效率（或工期）、交接班搭接要求及供需双方协调内容，连同施工配合比通知单一起下达。

二是搅拌站设备试运转正常，混凝土运输车辆数量满足要求。

三是搅拌站材料供应充足，特别是指定的水泥品种有足够的储备量或后续供应有保证。

四是搅拌站全部材料包括水泥、砂、石子、粉煤灰及外加剂等经检验合格，符合使用要求。

五是搅拌站、浇捣现场和运输车辆之间有可靠的通信联系方式。

所有机具包括混凝土输送泵、振动器（棒）经检验试运转正常，并准备一旦出现故障的应急措施，保证人力、物力、材料均能满足浇筑速度的要求。现场混凝土试块养护池和试块试模准备就绪。

工长根据施工方案对操作班组已进行全面施工技术交底，落实浇筑方案。每个施工人员对浇筑的起点及浇筑的进展方向都做到心中有数，混凝土浇筑令已被批准。

注意天气预报，不宜在雨天浇筑混凝土。在天气多变季节施工，为防不测，应有足够的抽水设备和防雨工具。

对于大体积混凝土结构混凝土的浇筑，要准备测温监控措施及防止混凝土硬化过程中因水化热过高、内外温差过大而引起的体积变形产生收缩裂缝的有效措施，并编制详细的技术方案，指导施工。

三、操作工艺

（一）工艺流程

采用现场搅拌混凝土浇筑工艺流程如下：

作业准备→混凝土搅拌→混凝土运输→柱混凝土浇筑、振捣→养护。

采用商品混凝土浇筑工艺流程如下：

作业准备→商品混凝土运输到现场→混凝土质量检查→卸料→泵送至浇筑部位→柱混凝土浇筑、振捣→养护。

(二) 作业准备

浇筑前应将模板内的垃圾、泥土等杂物及钢筋上的油污清除干净，并检查钢筋的水泥垫块是否垫好。如果使用木模板，应浇水使模板湿润，柱子模板的清扫口在清除杂物后再封闭。

(三) 混凝土现场搅拌

自拌混凝土用于防止商品混凝土暂时供应不上的应急措施和零星混凝土的现场拌制，原材料和配合比应与商品混凝土的保持一致。

1. 根据配合比确定每盘（槽）各种材料用量及车辆重量，分别固定好水泥、砂、石子各个磅秤标准。在上料时车车过磅，骨料含水率应经常测定，及时调整配合比用水量，确保加水量准确，要过秤。

2. 装料顺序：一般先装石子，再装水泥，最后装砂子，如须加掺和料，则应与水泥一并加入；如须掺外加剂（减水剂、早强剂等），粉状应根据每盘加入量预加工装入小包装袋内（塑料袋为宜），用时与粗细骨料同时加入；液状应按每盘用量与水同时加入搅拌机搅拌。

3. 搅拌时间：混凝土搅拌的最短时间根据施工规范要求确定，可按表4-1采用。掺有外加剂时，搅拌时间应适当延长。

表4-1 混凝土搅拌的最短时间（s）

混凝土坍落度/cm	搅拌机机型	搅拌机出料量/L		
		<250	250~500	>500
≤3	自落式	90	120	150
	强制式	60	90	120
>3	自落式	90	90	120
	强制式	60	60	90

4. 混凝土开始搅拌时，由施工单位主管技术部门、工长组织有关人员对出盘混凝土的坍落度、和易性等进行鉴定，检查是否符合配合比通知单要求，经调整后再进行搅拌。

（四）混凝土运输

1. 混凝土的现场运输工具有手推车、吊斗、泵车等。

2. 混凝土自搅拌机中卸出后，应及时运到浇筑地点，延续时间不能超过初凝时间。在运输过程中，要防止混凝土离析、水泥浆流失、坍落度变化及产生初凝等现象。如混凝土运到浇筑地点有离析现象，必须在浇灌前进行二次拌和。

3. 混凝土运输道路应平整顺畅，若有凹凸不平，应铺垫桥枋。在楼板施工时，更应铺设专用桥道严禁手推车和人员踩踏钢筋。

（五）对商品混凝土的质量检查要求

1. 泵送混凝土，每工作班供应超过 100 m³ 的工程，应派出质量检查员统计驻场。

2. 混凝土搅拌车出站前，每部车都必须经质量检查员检查和易性，合格后才能签证放行；坍落度抽检每车一次；混凝土整车容重检查每一配合比每天不少于一次。

3. 现场取样时，应以搅拌车卸料 1/4 后至 3/4 前的混凝土为代表。混凝土取样、试件制作、养护，均由供需双方共同签证认可。

4. 搅拌车卸料前不得出现离析和初凝现象。

（六）泵送混凝土施工

1. 泵送混凝土前，先把储料斗内的清水从管道泵出，达到湿润和清洁管道的目的，然后向料斗内加入与混凝土配合比相同的水泥砂浆（或 1∶2 水泥砂浆），润滑管道后即可开始泵送混凝土。

2. 开始泵送时，泵送速度宜放慢，油压变化应在允许值范围内，待泵送顺利时，才用正常速度进行泵送。

3. 泵送期间，料斗内的混凝土量应保持在缸筒口上 10 mm 到料斗口下 150 mm 之间，否则容易吸入空气而造成塞管，造成吸入效率低；混凝土量太多则反抽时会溢出并加大搅拌轴负荷。

4. 混凝土泵送宜连续作业，当混凝土供应不及时，须降低泵送速度，泵送暂时中断时，搅拌不应停止。当叶片被卡死时，须反转排除，再正转、反转一定时间，待正转顺利后方可继续泵送。

5. 泵送中途若停歇时间超过 20 min，管道又较长时，应每隔 5 min 开泵 1 次；泵送小量混凝土，管道较短时，可采用每隔 5 min 正反转 2~3 个行程，使管内混凝土蠕动，防止泌水离析。长时间停泵（超过 45 min），气温高、混凝土坍落度小时可能造成塞管，宜将混凝土从泵和输送管中清除。

6. 泵送先远后近，在浇筑中逐渐拆管。

7. 在高温季节泵送，宜用湿草袋覆盖管道进行降温，以降低入模温度。

8. 泵送管道的水平换算距离总和应小于设备的最大泵送距离。

（七）混凝土浇筑的一般要求

1. 混凝土自吊斗下落的自由倾落高度不得超过 2 m，如超过 2 m 必须采取措施。

2. 浇筑柱混凝土时，如浇筑高度超过 3 m，则应采用串筒、导管、溜槽或在模板侧面开门子洞（生口）。

3. 使用插入式振动器应快插慢拔，插点要均匀排列，逐点移动，按顺序进行，不得遗漏，做到均匀振实。移动间距不大于振动棒作用半径的 1.5 倍（一般为 300~400 mm）。振捣上一层时应插入下层混凝土面 50 mm，以消除两层间的接缝。平板振动器的移动间距应能保证振动器的平板覆盖已振实部分边缘。

4. 浇筑混凝土应连续进行。如果必须间歇，则时间应尽量缩短，并应在前层混凝土初凝之前，将次层混凝土浇筑完毕。间歇的最长时间应按所有水泥品种及混凝土初凝条件确定，一般超过 2 h 应按施工缝处理。

5. 浇筑混凝土时应派专人经常观察模板钢筋、预留孔洞、预埋件、插筋等有无位移变形或堵塞情况，无问题应立即浇筑并应在已浇筑的混凝土初凝前修整完毕。

（八）柱混凝土浇筑的注意事项

1. 柱浇筑前，在新浇混凝土与下层混凝土结合处，应在底面上均匀浇筑 50 mm厚且与混凝土配合比相同的水泥砂浆。砂浆应用铁铲入模，不应用料斗直接倒入模内。

2. 柱混凝土应分层浇筑振捣，每层浇筑厚度控制在 500 mm 左右。混凝土下料点应分散布置，循环推进，连续进行。振动棒不得触动钢筋和预埋件。除上面振捣外，下面要有人随时敲打模板。

3. 柱高在 3m 之内，可在柱顶直接下灰浇筑，超过 3 m 时应采取措施（用串桶）或在模板侧面开门子洞安装斜溜槽分段浇筑。每段高度不得超过 2 m，每段混凝土浇筑后将门子洞模板封闭严密，并用箍箍紧。

4. 柱子混凝土应一次浇筑完毕，如须留施工缝时应留在主梁下面。无梁楼板应留在柱帽下面。在梁板整体浇筑时，应在柱浇筑完毕后停歇 1~1.5 h，使其获得初步沉实，再继续浇筑。

5. 浇筑完毕后，应随时将伸出的搭接钢筋整理到位。

6. 构造柱混凝土应分层浇筑，每层厚度不得超过 300 mm。

第四节　钢筋混凝土墙的安装与浇筑

一、墙钢筋制作安装

（一）墙钢筋的配料

钢筋配料是根据构件配筋图，先绘出各种形状和规格的单根钢筋简图并加以编号，然后分别计算钢筋下料长度和根数，填写配料单，申请加工。

1. 钢筋下料长度计算

钢筋因弯曲或弯钩会使其长度变化，在配料中不能直接根据图纸中尺寸下料；必须了解关于混凝土保护层、钢筋弯曲、弯钩等规定，再根据图中尺寸计算其下料长度。各种钢筋下料长度计算方法同柱，此处不再赘述。

2. 配料计算注意事项

（1）在设计图纸中，钢筋配置的细节问题没有注明时，一般可按构造要求处理。

（2）配料计算时，要考虑钢筋的形状和尺寸在满足设计要求的前提下，有利于加工安装。

（3）配料时，还要考虑施工需要的附加钢筋（马凳、撑铁等）。

（二）钢筋的绑扎与安装

1. 墙（包括水塔壁、烟囱筒身、池壁等）的垂直钢筋每段长度不宜超过 4 m（钢筋直径不超过 12 mm）或 6 m（钢筋直径大于 12 mm），水平钢筋每段长度不宜超过 8 m，以利绑扎。

2. 墙的钢筋网的钢筋弯钩应朝向混凝土内。

3. 采用双层钢筋网时，在两层钢筋网间应设置撑铁，以固定钢筋间距。撑铁可用直径 6~10 mm 的钢筋制成，长度等于两层网片的净距，间距约为 1 m，相互错开排列。

4. 墙的钢筋，可在基础钢筋绑扎之后浇筑混凝土前插入基础内。

5. 墙钢筋的绑扎也应在模板安装前进行。

二、墙模板安装

（一）墙体模板构造

墙模板由两片侧板组成，每片侧板由若干块拼板（或定型板）拼接而成，拼板的尺寸依墙体大小而定，侧板外用立档、横档及斜撑固定。为了抵抗新浇混凝土的侧压力和保持墙的厚度，应设对拉螺栓及临时撑木。

（二）墙体模板材料的选择

墙的模板有多种类型，可采用胶合板模板、组合钢模板、大模板还有适合高层施工的滑升模板及爬升模板等。此处仅根据现浇混凝土墙的特点介绍墙胶合板模板及大模板，其他的请参考模板基本知识。

1. 胶合板模板

采用胶合板做现浇混凝土墙体模板，是目前常用的一种模板技术，它与采用组合式模板相比，可以减少混凝土外露表面的接缝，满足清水混凝土的要求。

（1）直面墙体模板

常规的支模方法是：胶合板面板外侧的立档用 50×100 方木，横档（又称牵杠）可用 φ48×3.5 脚手钢管或方木（一般为 100 方木）。两侧胶合板模板用穿墙螺栓拉结。

①墙模板安装时，根据边线先立一侧模板，临时用支撑撑住，用线锤校正模板的垂直，然后固定牵杠，再用斜撑固定。大块侧模组拼时，上下竖向拼缝要互相错开，先立两端，后立中间部分。待钢筋绑扎后，按同样方法安装另一侧模板及斜撑等。

②为了保证墙体的厚度正确，在两侧模板之间可用小方木撑头（小方木长度等于墙厚），防水混凝土墙要加有止水板的撑头。小方木要随着浇筑混凝土逐个取出。为了防止浇筑混凝土的墙身鼓胀，可用 8~10 号铅丝或直径 12~16 mm 螺栓拉结两侧模板，间距不大于 1 m。螺栓要纵横排列，并在混凝土凝结前经常转动，以便在凝结后取出。如墙体不高，厚度不大，也可在两侧模板上口钉上搭头木即可。

（2）可调曲线墙体模板

可调曲线模板主要由面板、背楞、紧伸器、边肋板等四部分组成，构造简单。主要通过曲率调节器将所有同一水平的双槽钢横肋连接，使独立的横肋变为整体，同时可以调节出任意半径的弧线模板。

2. 大模板

大模板是进行现浇剪力墙结构施工的一种工具式模板，一般配以相应的起重吊装机械，通过合理的施工组织安排，以机械化施工方式在现场浇筑混凝土竖向（主要是墙壁）结构构件。其特点是以建筑物的开间、进深、层高为标准化的基础，以大模板为主要手段，以现浇混凝土墙体为主导工序，组织进行有节奏的均衡施工。为此，也要求建筑和结构设计能做到标准化，以便使模板能做到周转通用。目前，大模板工艺已成为剪力墙结构工业化施工的主要方法之一。

（1）大模板的构造

①面板。面板是直接与混凝土接触的部分，要求表面平整，加工精密，有一定刚度，能多次重复使用。可做面板的材料很多，有钢板、木（竹）胶合板及化学合成材料面板等。

②骨架。为了提高面板刚度及与支撑的连接性，面板背后焊有水平方向的横肋和垂直方向的竖肋形成刚性骨架，横竖肋通常用槽钢构建。

③支撑架。支撑架一般用型钢制成。每块大模板设 2~4 个支撑架。支撑架上端与大模板竖向龙骨用螺栓连接，下部横杆槽钢端部设有地脚螺栓，用以调节模板的垂直度。模板自稳角的大小与地脚螺栓的可调高度及下部横杆长度有关。支撑系统作用是承受风荷载和水平力，以防止模板倾覆，保持模板堆放和安装时的稳定。

④操作平台。操作平台由脚手板和三角架构成，附有铁爬梯及护身栏。三角架插入竖向龙骨的套管内，组装及拆除都比较方便。护身栏用钢管做成，上下可以活动，外挂安全网。每块大模板设置铁爬梯一个，供操作人员上下使用。

⑤附件。附件包括穿墙螺栓、穿墙套管、模板上口卡具、门窗框模板等。

（2）大模板的施工

①一般规定

A. 大模板施工前必须制订合理的施工方案。

B. 大模板安装必须保证工程结构各部分形状，尺寸和预留、预埋位置的正确。

C. 大模板施工应按照工期要求，并根据建筑物的工程量、平面尺寸、机械设备条件等组织均衡的流水作业。

D. 浇筑混凝土前必须对大模板的安装进行专项检查，并做检验记录。

E. 浇筑混凝土时应设专人监控大模板的使用情况，发现问题及时处理。

F. 吊装大模板时应设专人指挥，模板起吊应平稳，不得偏斜和大幅度摆动。操作人员必须站在安全可靠处，严禁人员随同大模板一同起吊。

G. 吊装大模板必须采用带卡环吊钩。当风力超过五级时应停止吊装作业。

②施工工艺流程

大模板施工工艺可按下列流程进行：施工准备→定位放线→安装模板的定位装置→安装门窗洞口模板→安装模板→调整模板、紧固对拉螺栓→验收→分层对称浇筑混凝土→拆模→模板清理。

③大模板的安装

安装前准备工作应符合下列规定：大模板安装前应进行施工技术交底；模板进现场后，应依据配板设计要求清点数量，核对型号；模板现场组拼时，应用醒目字体按模位对模板重新编号；样板间的试安装，经验证模板几何尺寸、接缝处理、零部件等准确后方可正式安装；大模板安装前应放出模板内侧线及外侧控制线作为安装基准；合模前必须将模板内部杂物清理干净；合模前必须通过隐蔽工程验收；模板与混凝土接触面应清理干净、涂刷隔离剂，刷过隔离剂的模板如遇雨淋或其他因素导致失效后必须补刷；使用的隔离剂不得影响结构工程及装修工程质量；已浇筑的混凝土强度未达到 1.2 MPa 以前不得踩踏和进行下道工序作业；使用外挂架时，墙体混凝土强度必须达到 7.5 MPa 以上方可安装，挂架之间的水平连接必须牢靠、稳定。

大模板的安装应符合下列规定：大模板安装应符合模板配板设计要求；模板安装时应按模板编号顺序遵循先内侧后外侧、先横墙后纵墙的原则安装就位；大模板安装时根部和顶部要有固定措施；门窗洞口模板的安装应按定位基准调整固定，保证混凝土浇筑时不移位；大模板支撑必须牢固、稳定，支撑点应设在坚固可靠处，不得与脚手架拉结；紧固对拉螺栓时应用力得当，不得使模板表面产生局部变形；大模板安装就位后，对缝隙及连接部位可采取堵缝措施，防止漏浆、错台现象。

④大模板拆除和堆放

大模板的拆除应符合下列规定：大模板拆除时的混凝土结构强度应达到设计要求；当设计无具体要求时，应能保证混凝土表面及棱角不受损坏；大模板的拆除顺序应遵循先支后拆、后支先拆的原则；拆除有支撑架的大模板时，应先拆除模板与混凝土结构之间的对拉螺栓及其他连接件，松动地脚螺栓，使模板后倾与墙体脱离开；拆除无固定支撑架的大模板时，应对模板采取临时固定措施；任何情况下，严禁操作人员站在模板上口采用晃动、撬动或用大锤砸模板的方法拆除模板；拆除的对拉螺栓、连接件及拆模用工具必须妥善保管和放置，不得随意散放在操作平台上，以免吊装时坠落伤人；起吊大模板前应先检查模板与混凝土结构之间所有对拉螺栓、连接件是否全部拆除，必须在确认模板和混凝土结构之间无任何连接后方可起吊大模板，移动模板时不得碰撞墙体；大模板及配件拆除后，应及时清理干净，对变形和损坏的部位应及时进行维修。

大模板的堆放应符合下列要求：大模板现场堆放区应在起重机的有效工作范围之内，堆放场地必须坚实平整，不得堆放在松土、冻上或凹凸不平的场地上。大模板堆放时，有支撑架的大模板必须满足自稳角要求；当不能满足要求时，必须另外采取措施，确保模板放置的稳定。没有支撑架的大模板应存放在专用的插放支架上，不得倚靠在其他物体上，防止模板下脚滑移倾倒。大模板在地面堆放时，应采取两块大模板板面对板面相对放置的方法，且应在模板中间留置不小于600 mm 的操作间距；当长时期堆放时，应将模板连接成整体。

⑤大模板的运输、维修和保管

A. 运输。大模板运输应根据模板的长度、高度、重量选用适当的车辆；大模板在运输车辆上的支点、伸出的长度及绑扎方法均应保证模板不发生变形，不损伤表面涂层；大模板连接件应码放整齐，小型件应装箱、装袋或捆绑，避免发生碰撞，保证连接件的重要连接部位不受破坏。

B. 维修。现场使用后的大模板，应清理黏结在模板上的混凝土灰浆及多余的焊件、绑扎件，对变形和板面凹凸不平处应及时修复；肋和背楞产生弯曲变形应严格按产品质量标准修复；焊缝开焊处，应将焊缝内砂浆清理干净，重新补焊修复平整。大模板配套件的维修应符合下列要求：地脚调整螺栓转动应灵活，可调到位；承重架焊缝应无开焊处，锈蚀严重的焊缝应除锈补焊；对拉螺栓应无弯曲变形，表面无黏结砂浆，螺母旋转灵活。

C. 保管。对暂不使用的大模板拆除支架维修后，板面应进行防锈处理，板面向下分类码放；大模板堆放场地地面应平整、坚实、有排水措施；零、配件入库保存时，应分类存放；大模板叠层平放时，在模板的底部及层间应加垫木，垫木应上下对齐，垫点应保证模板不产生弯曲变形；叠放高度不宜超过 2m，当有加固措施时可适当增加高度。

（3）大模板的安装质量验收标准及安全要求

①大模板安装质量应符合下列要求：

A. 大模板安装后应保证整体的稳定性，确保施工中模板不变形、不错位、不胀模。

B. 模板间的拼缝要平整、严密，不得漏浆。

C. 模板板面应清理干净，隔离剂涂刷应均匀，不得漏刷。

②大模板安装允许偏差及检验方法应符合表 4-2 中的规定。

表 4-2　大模板安装允许偏差及检验方法

项目		允许偏差/mm	检验方法
墙、轴线位移		4	尺量检查
截面内部尺寸		±2	尺量检查
层高垂直度	全高不超过 5 m	3	线坠及尺量检查
	全高大于 5 m	5	
相邻两板表面高低差		2	平尺及塞尺检查
表面平整度		4	20 m 内上口拉直线尺量检查 下口按模板定位线为基准检查

（4）安全要求

①大模板的存放应满足自稳角的要求，并采取面对面存放。长期存放模板，应将模板连成整体。没有支架或自稳角不足的大模板，要存放在专用的插放架上，或平卧堆放，不得靠在其他物体上，防止滑移倾倒。在楼层内存放大模板时，必须采取可靠的防倾倒措施。遇有大风天气，应将大模板与建筑物固定。

②大模板必须有操作平台、上人梯道、防护栏杆等附属设施，如有损坏应及

时补修。

③大模板起吊前，应将吊装机械位置调整适当，稳起稳落，就位准确，严禁大幅度摆动。

④大模板安装就位后，应及时用穿墙螺栓、花篮螺栓将全部模板连接成整体，防止倾倒。

⑤全现浇大模板工程在安装外墙外侧模板时，必须确保三角挂架、平台或爬模提升架安装牢固。外侧模板安装后，应立即穿好销杆，紧固螺栓。安装外侧模板、提升架及三角挂架的操作人员必须挂好安全带。

⑥模板安装就位后，要采取防止触电保护措施，将大模板串联起来，并同避雷网接通，防止漏电伤人。

⑦大模板组装或拆除时，指挥和操作人员必须站在安全可靠的地方，防止意外伤人。

⑧模板拆模起吊前，应检查所有穿墙螺栓是否全都拆除。在确无遗漏，模板与墙体完全脱离后，方准起吊。拆除外墙模板时，应先挂好吊钩，绷紧吊索，门、窗洞口模板拆除后，再行起吊。待起吊高度越过障碍物后，方准行车转臂。

⑨大模板拆除后，要加以临时固定，面对面放置，中间留出 60 cm 宽的人行道，以便清理和涂刷脱模剂。

⑩提升架及外模板拆除时，必须检查全部附墙连接件是否拆除，操作人员必须挂好安全带。

⑪筒形模可用拖车整体运输，也可拆成平板用拖车重叠放置运输。平板重叠放置时，垫木必须上下对齐，绑扎牢固。

3. 墙模板的设计基本步骤

墙模板由两侧块大板、横、竖向的楞及支撑系统组成，由于墙的断面尺寸大且比较高，因此墙模板的支设须保证其垂直度及抵抗新浇筑混凝土的侧压力。

首先应按单位工程中不同断面尺寸、长度和高度的墙，所需配制模板的数量做出统计，并编号、列表。然后进行每一种规格的墙模板的设计，其具体步骤如下：

依据相关规范、静力计算手册及经验确定模板、横、竖楞及对拉螺栓的截面尺寸及规格，并确定相应的支撑系统。

确定模板承受的侧压力，包括混凝土的侧压力、倾倒混凝土时产生的侧压力及振捣混凝土时产生的侧压力；分别进行承载力复核；一般情况下模板、竖楞（木方）可按多跨连续梁进行计算，对拉螺栓可按受拉构件进行计算。

其荷载计算方法同柱模板，此处不再赘述。

4. 模板的安装、拆除、质量验收及安全管理

（1）墙体模板安装

模板安装施工要点：

①弹模板就位线，做砂浆找平层，合模前钢筋隐蔽验收。

②根据墙面大小进行拼装，大墙面尽量用整块模板，以减少拼缝，拼缝一定要严密，边角要方正，阴角模板不许凹或凸进墙内。

③穿墙对拉螺栓的孔应平直相对。

④堵模板下的缝隙，检查模板的垂直度、平整度。

（2）墙体模板的拆除

墙模板在混凝土达到 1.2 MPa，能保证其表面及棱角不因拆除而损坏时方能拆除，模板的拆除顺序与模板的安装顺序相反，首先拆除穿墙螺栓，再松开地脚螺栓，使模板向后倾斜与墙体脱开。拆除的对拉螺栓、连接件及拆模用工具必须妥善保管和放置，不得随意散放在操作平台上，以免吊装时坠落伤人；任何情况下，严禁操作人员站在模板上口采用晃动、撬动或用大锤砸模板的方法拆除模板；门窗洞口模板在墙体模板拆除结束后拆除，先松动四周固定用的角钢，再将各面模板轻轻振出拆除，严禁直接用撬棍从混凝土与模板接缝位置撬动洞口模板，以防止拆除时洞口的阳角被损坏，跨度大于 1 m 的洞口拆模后要架设临时支撑。

模板及配件拆除后，应及时清理干净，对变形和损坏的部位应及时进行维修。

三、墙混凝土浇筑

（一）施工准备

1. 材料准备：符合设计图纸的混凝土。

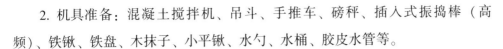

2. 机具准备：混凝土搅拌机、吊斗、手推车、磅秤、插入式振捣棒（高频）、铁锹、铁盘、木抹子、小平锹、水勺、水桶、胶皮水管等。

3. 作业条件：

（1）办完钢筋隐检手续，注意检查支铁、垫块，以保证保护层厚度。核实墙内预埋件、预留孔洞、水电预埋管线、金（槽）的位置、数量及固定情况。

（2）检查模板下口、洞口及角模处拼接是否严密，边角柱加固是否可靠，各种连接件是否牢固。

（3）检查并清理模板内残留杂物，用水冲净。外砖内模的砖墙及木模，常温时应浇水湿润。

（4）振捣器、磅秤等机具须经检查、维修后方可使用。计量器具已定期校核。

（5）检查电源、线路，并做好夜间施工照明的准备。

（6）已联系好混凝土供应商公司，确保混凝土浇筑的连续性。

（7）现场工长已对班组长交底，明确混凝土浇筑顺序，以及结合浆的数量。

（二）操作工艺

1. 工艺流程

作业准备→混凝土运输到场→混凝土浇筑与振捣（试块留置）→拆模、养护。

2. 施工要点

（1）墙体浇筑混凝土前，在底部接槎处先浇筑 5 cm 厚与墙体混凝土成分相同的水泥砂浆或减石子混凝土。用铁锹均匀入模，不应用吊斗直接灌入模内。第一层浇筑高度控制在 50 cm 左右，以后每次浇筑高度不应超过 1 m；分层浇筑、振捣。混凝土下料点应分散布置。墙体连续进行浇筑，间隔时间不超过 2 h。墙体混凝土的施工缝宜设在门洞过梁跨中 1/3 区段。当采用平模时或留在内纵横墙的交界处，墙应留垂直缝。接槎处应振捣密实。浇筑时随时清理落地灰。

（2）洞口浇筑时，使洞口两侧浇筑高度对称均匀，振捣棒距洞边 30 cm 以上，宜从两侧同时振捣，防止洞口变形。大洞口下部模板应开口，并补充混凝土及振捣。

(3) 外砖内模、外板内模、大角及山墙构造柱应分层浇筑，每层不超过 50 cm，内外墙交界处加强振捣，保证密实。外砖内模应采取措施，防止外墙鼓胀。

(4) 振捣：插入式振捣器移动间距不宜大于振捣器作用半径的 1.5 倍，一般应小于 50 cm，门洞口两侧构造柱要振捣密实，不得漏振。每一振点的延续时间以表面呈现浮装和不再沉落为标准，避免碰撞钢筋、模板、预埋件、预埋管、外墙板空腔防水构造等，发现有变形、移位，各有关工种相互配合进行处理。

(5) 墙上口找平：混凝土浇筑振捣完毕，将上口甩出的钢筋加以整理，用木抹子按预定标高线，将表面找干。

预制模板安装宜采用硬架支模，上口找平时，使混凝土墙上表面低于预制模板下皮标高 3~5 cm。

(6) 拆模养护：常温时混凝土强度大于 1 MPa，冬期时掺防冻剂，使混凝土强度达到 4 MPa 时拆模，保证拆模时墙体不粘模、不掉角、不裂缝，及时修整墙面、边角。常温及时喷水养护，养护时间不少于 7 d，浇水次数应能保持混凝土湿润。

（三）通病预防

1. 墙体烂根：预制模板安装后，支模前在每边模板下口抹找平层，找平层嵌入模板不超过 1 cm，保证模板下口严密。墙体混凝土浇筑前，先均匀浇筑 5 cm 厚砂浆或减石子混凝土。混凝土坍落度要严格控制，防止混凝土离析，底部振捣应认真操作。

2. 洞口移位变形：浇筑时防止混凝土冲击洞口模板，洞口两侧混凝土应对称、均匀进行浇筑、振捣。模板穿墙螺栓应紧团可靠。

3. 墙面气泡过多：采用高频振捣棒，每层混凝土均要振捣至气泡排除为止。

4. 混凝土与模板粘连：注意清理模板，拆模不能过早，隔离剂涂刷均匀。

第五章 | 钢筋混凝土梁、板工程

本章由云南恒丰建设咨询管理有限公司袁伟撰写，结合其在云南省质量技术监督综合检验检测基地建设工程任总监理工程师的施工现场技术管理工作实例编写。该项目建筑面积 133 630.72 m²，其中地上 95 395.8 m²，地下 38 234.92 m²，由综合服务大楼、计量技术测试大楼、特种设备安全监测大楼、质量检验检测大楼、热带农副产品质检中心、国家城市能源计量中心（云南）组成，建安投资6.19亿。

第一节　板钢筋构造与加工

一、楼板钢筋构造

（一）板内钢筋类型

板内钢筋类型如下所示。

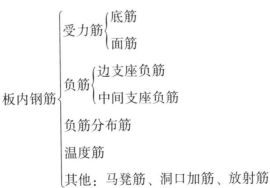

（二）楼板端部钢筋构造

1.当端部支座为梁时，板下部贯通纵筋在端部支座的直锚长度≥5 *d* 且至少到梁中线；板上部贯通纵筋伸到支座梁外侧角筋的内侧，然后弯钩长度为 $15d$；当端支座梁的截面宽度较宽，板上部贯通纵筋的直锚长度 $\geqslant l_a$ 时可直锚；板上部非贯通纵筋在支座内的锚固与板上部贯通纵筋相同，只是板上部非贯通纵筋伸入板内的伸出长度见具体设计。

2. 当板的端部支座为剪力墙时，板下部贯通纵筋在端部支座的直锚长度 $\geqslant 5d$ 且至少到墙中线；板上部贯通纵筋伸到墙身外侧水平分布筋的内侧，然后弯钩长度为 $15d$。

（三）楼板中间支座钢筋构造

1. 板下部纵筋。与支座垂直的贯通纵筋：伸入支座 $5d$ 且至少到梁中线；与支座平行的贯通纵筋：第一根钢筋在距梁边为 1/2 板筋间距处开始设置。

2. 板上部纵筋。

（1）贯通纵筋：与支座垂直的贯通纵筋应贯通跨越中间支座；与支座平行的贯通纵筋的第一根钢筋在距梁边为 1/2 板筋间距处开始设置。

（2）非贯通筋（负筋）：非贯通筋（与支座垂直）向跨内延伸长度详见具体设计。

（3）非贯通筋的分布筋（与支座平行）构造：从支座边缘算起，第一根分布筋从 1/2 分布筋间距处开始设置；在负筋拐角处必须布置一根分布筋；在负筋的直段范围内按分布筋间距进行布置。板分布筋的直径和间距一般在结构施工图的说明中给出。

（四）楼板钢筋连接、搭接构造

1. 板上部贯通纵筋连接

上部贯通纵筋连接区在跨中净跨的 1/2 跨度范围之内（跨中 $l_n/2$）。当相邻等跨或不等跨的上部贯通纵筋配置不同时，应将配置较大者越过其标注的跨数终点或起点延伸至相邻跨的跨中连接区域连接。

2. 负筋分布筋搭接构造

在楼板角部矩形区域，纵横两个方向的负筋相互交叉，已形成钢筋网，所以这个角部矩形区域不应该再设置分布筋，否则，4 层钢筋交叉重叠在一块，混凝土不能包裹住钢筋。负筋分布筋伸进角部矩形区域 150 mm。分布筋并非一点都不受力，所以 HPB300 级钢筋做分布筋时，钢筋端部需要加 180° 的弯钩。

（五）悬挑板 XB 钢筋构造

悬挑板有两种：一种是延伸悬挑板，即楼面板（屋面板）的端部带悬挑，如挑檐板、阳台板等；另一种是纯悬挑板，即仅在梁的一侧带悬挑的板，常见的有雨篷板。

1. 延伸悬挑板钢筋构造

延伸悬挑板上部纵筋的锚固构造如下：

（1）延伸悬挑板的上部纵筋与相邻跨板同向的顶部贯通纵筋或非贯通纵筋贯通。

（2）当跨内板的上部纵筋是顶部贯通纵筋时，把跨内板的顶部贯通纵筋一直延伸到悬挑板的末端，此时的延伸悬挑板上部纵筋的锚固长度容易满足。

（3）当跨内板的上部纵筋是顶部非贯通纵筋时，原先插入支座梁中的"负筋腿"没有了，而把负筋的水平段一直延伸到悬挑端的尽头。由于原先负筋的水平段长度也是足够长的，所以此时的延伸悬挑板上部纵筋的锚固长度也是足够的。

（4）平行于支座梁的悬挑板上部纵筋（构造或分布筋），从距梁边 1/2 板筋间距处开始设置。

延伸悬挑板如果有下部纵筋：

（1）延伸悬挑板的下部纵筋为直形钢筋（当为 HPB300 级钢筋时，钢筋端部应设 180° 弯钩，弯钩平直段长度为 3 d）。

（2）延伸悬挑板的下部纵筋在支座内的弯锚长度为 12 d 且至少到梁中线。

（3）平行于支座梁的悬挑板下部纵筋（构造或分布筋），从距梁边 1/2 板筋间距处开始设置。

2. 纯悬挑板钢筋构造

纯悬挑板上部纵筋的锚固构造如下：

（1）纯悬挑板上部纵筋伸至支座梁角筋的内侧，然后弯钩 15 d；纯悬挑板上部纵筋伸入支座的水平段长 $\geq 0.6 l_{\text{ab}}$。

（2）延伸悬挑板和纯悬挑板如果有下部纵筋，其下部纵筋构造相同。

二、楼板钢筋翻样

板底部贯通筋计算公式：

钢筋长度 = 板净跨 + 左、右支座内锚固长度 + 弯钩增加值（光圆钢筋）

式中：板净跨是指与钢筋平行的板净跨。

钢筋根数 = [（板净跨 − 2×起步距离）/间距] + 1 = [（板净跨 − 间距)/间距] + 1

式中：板净跨是指与钢筋垂直的板净跨；第一根钢筋的起步距离按"距梁边板筋间距的 1/2"考虑。

板顶部贯通筋计算公式：板顶部贯通筋长度和根数的计算公式仍然用上两式，但是作为板顶部贯通筋，支座内的锚固构造不同，其锚固长度也不同，计算时要注意。

板支座负筋（非贯通筋）计算公式：

中间支座负筋长度 = 平直段长 + 左弯折长 + 右弯折长

端支座负筋长度 = 平直段长 + 15 d（端支座）+ 弯折长（板跨内）

板支座负筋根数应用上式计算。

板负筋的分布筋计算公式：单向板中一个方向配有受力钢筋，另一个方向必须配分布筋以形成钢筋网；支座负筋（非贯通筋）中与其垂直方向上也要配分布筋以形成钢筋网。分布筋一般不在图中画出，而是在说明中指出分布筋的规格、直径和间距，初学者很容易漏掉，一定要仔细、认真地读图。

支座负筋的分布筋与其平行的支座负筋搭接 150 mm，当采用光圆钢筋时，如果分布筋不做温度筋，其末端不做 180°弯钩。

负筋分布筋长度 = 板净跨 − 左侧负筋板内净长 − 右侧负筋板内净长 + 2×150

负筋分布筋根数 = [（负筋板内净长 − 起步距离)/间距] + 1

= [（负筋板内净长 − 间距/2)/间距] + 1

温度筋：在温度、收缩应力较大的现浇板区域内，应在板的未配筋表面布置温度收缩钢筋。

$$长度=板净跨-左负筋板内净长-右负筋板内净长+150×2$$

$$根数=（板净跨-左负筋伸入板内的净长-右负筋伸入板内的净长）/间距-1$$

三、板钢筋的绑扎与安装

钢筋绑扎与安装是钢筋工进行的最后一道工序，关系到钢筋的就位和骨架的整体受力状态，所以十分关键。

（一）施工准备

1. 材料要求

钢筋原材：应有供应商资格证书，钢筋出厂质量证明书，按规定做力学性能复试和见证取样试验。若加工过程中发生脆断等特殊情况，还须做化学成分检验。钢筋应无老锈及油污。成型钢筋：必须符合配料单的规格、型号、尺寸、形状、数量，并应进行标识。成型钢筋必须进行覆盖，防止雨淋生锈。铁丝可采用20~22号（火烧丝）或镀锌铁丝（铅丝）。铁丝切断长度要满足使用要求。

2. 机具准备

成型钢筋、钢筋钩子、撬棍、扳子、钢丝刷子、手推车、粉笔、尺子等。

3. 作业条件

（1）钢筋进场后应检查是否有出厂材质证明、做完复试，并按施工平面图中指定的位置，按规格、使用部位、编号分别在料场墙墩上堆放。

（2）钢筋绑扎前，应检查有无锈蚀，除锈之后再运至绑扎部位。

（3）熟悉图纸，按设计要求检查已加工好的钢筋规格、形状、数量是否正确。做好抄平放线工作，弹好水平标高线。

（4）梁钢筋安装完毕，箍筋位置、间距及保护层厚度符合要求。

（二）施工工艺

1. 钢筋绑扎操作方法

绑扎的方法根据各地习惯不同而各异，板钢筋最常用的是一面顺扣操作法。

一面顺扣操作法的步骤是先将已切断的小股扎丝在中间弯折180°，以左手方便握住为宜。在绑扎时，右手抽出一根扎丝，将弯折处扳弯90°后，左手将弯折部分穿过钢筋扎点的底部，手拿扎丝钩钩住扎丝扣，食指压在钩前部，紧靠扎丝开口端，顺时针旋转2~3圈，即完成绑扎。

采用一面顺扣法绑扎钢筋网、架时，每个扎点的丝扣不能顺着一个方向，应交叉进行。

2. 施工流程

清理模板→在模板上画间距线→绑板下层钢筋→管线施工→放马凳、绑板上层钢筋→放置垫块→检查验收。

3. 施工要点

（1）钢筋可分段绑扎成型或整片绑扎成型，绑扎前应修整模板，将模板上垃圾杂物清扫干净，用墨斗弹出横竖向钢筋的位置线。

（2）板下层钢筋，先铺短向钢筋，再铺长向钢筋，预埋件、电线管、预留孔等及时配合安装并固定；然后再安装板上层钢筋，先铺长向钢筋，再铺短向钢筋，与长向钢筋绑扎牢固。

（3）板的钢筋网，除靠近外围两行钢筋的交叉点全部扎牢外，中间部分交叉点可间隔交错绑扎，但必须保证受力钢筋不产生位置偏移；双向受力钢筋必须全部绑扎牢固。

（4）板、次梁与主梁交叉处，板的钢筋在上，次梁钢筋居中，主梁钢筋在下；当有圈梁、垫梁时，主梁钢筋在上。

（5）应特别注意板上部的负筋，一是要保证其绑扎位置准确；二是要防止施工人员的踩踏，尤其是雨篷、挑檐、阳台等悬臂板，防止其拆模后断裂垮塌。

（6）混凝土保护层垫块可用混凝土垫块或定型垫块，垫块厚度符合设计要求，按0.6~1 m间距均匀布置。

（7）板采用双层钢筋网时，在上层钢筋网下面应设置钢筋撑脚，以保证钢筋位置正确，钢筋撑脚下部应焊在下层钢筋网上，间距以能保证钢筋位置为准。

（8）梁板钢筋绑扎时，应防止水电管线将钢筋抬起或压下。

（三）质量检查

1. 钢筋品种和质量必须符合设计和有关标准规定，钢筋表面应保持清洁无油污。

2. 钢筋规格、形状、尺寸、数量、锚固长度、搭接长度、接头位置，必须符合设计要求和施工规范的要求。

3. 无缺扣、松扣、漏扣现象。

4. 钢筋安装偏差及检验方法应符合《混凝土结构工程施工质量验收规范》的规定，梁板类构件上部受力钢筋保护层厚度的合格点率应达到90%及以上，且不得有超过表中数值1.5倍的尺寸偏差。

检查数量：在同一检验批内，对板，应按有代表性的自然间抽查10%，且不应少于3间。

对大空间结构，板可按纵、横轴线划分检查面，抽查10%，且均不应少于3面。

（四）成品保护

1. 钢筋绑扎完毕后，严禁践踏。

2. 绑扎钢筋时禁止碰动预埋件及洞口模板。

3. 严禁随意隔断钢筋，木工和水电工的所有预埋件包括接地引线不得和设计的钢筋直接进行焊接。

4. 板钢筋绑扎在梁钢筋安装完毕后进行，绑扎时禁止移动梁钢筋，如有移位，及时恢复到原位置。

第二节　模板支架的搭设

近年来，我国城市化建设日新月异，高层建筑越来越多，工程建设支模架规模也越来越大，造型日益复杂，模板支撑体系坍塌事故时有发生，不仅造成人员伤亡、经济损失和不良的社会影响，也给企业的生存和发展带来不利。在施工过程中，我们要切实控制好模板支撑体系的强度、刚度、稳定性，重视模板支架的构造措施，确保建筑施工的质量安全。

一、模板支撑体系

（一）基本术语、概念

模板系统由模板板块和支撑体系两大部分组成。

模板板块是由面板、次肋、主肋等组成的。面板是直接接触新浇混凝土的承力板，面板的种类有很多，可以选用钢、木、胶合板、塑料板等其他形式。小梁是直接支承面板的小型楞梁，又称次楞或次梁。在小梁的下方是主梁，它直接支承小梁，又称主楞。一般采用钢、木梁或钢桁架。

1. 模板支撑体系：为浇筑混凝土构件或安装钢结构等安装的模板主、次楞以下的承力结构体系。

2. 底座：设于立杆底部的垫座，包括固定底座、可调底座。

3. 可调托撑：插入立杆钢管顶部，可调节高度的顶撑。

4. 水平杆：脚手架中的水平杆件，也称横杆。

5. 扫地杆：贴近楼（地）面，连接立杆根部的纵、横向水平杆件；包括纵向扫地杆、横向扫地杆。

6. 连墙件：将脚手架架体与建筑物主体构件连接，能够传递拉力和压力的构件。

7. 剪刀撑：在脚手架竖向或水平向成对设置的交叉斜杆。

8. 步距：上下水平杆轴线间的距离。

9. 立杆纵（跨）距：脚手架纵向相邻立杆之间的轴线距离。

10. 立杆横距：脚手架横向相邻立杆之间的距离。

（二）常用的模板支撑体系

1. 扣件式钢管支撑体系

扣件式钢管支撑体系已在工程中使用多年。立杆与横杆采用扣件连接，立杆采用一字扣件连接，龙骨多为 100 mm×100 mm 木方，搭拆过程中需要拆装扣件，搭拆速度慢，连接扣件与钢管分开，扣件丢损率高。

2. 碗扣式钢管支撑体系

碗扣式支架是由铁道部专业设计院研究设计，多年来建筑行业使用较为广泛的一种支撑架系统。碗扣式支架采用了带齿碗扣接头，不仅拼拆迅速省力，而且结构简单，受力稳定可靠，避免了螺栓作业，不易丢失零散配件，使用安全，方便经济。

碗扣架为工具式脚手架，对工人技术要求不高，减少了人为因素对搭设质量的影响；但受产品模数的限制，其通用性差，配件易损坏且不便修理。并且市场的碗口架缺乏配套斜杆等专用配件，大多需要与钢管扣件架组合使用，降低了其实际承载力。

3. 门架式钢管支撑体系

门式架在我国南方地区多有应用。门式脚手架属于标准定型组件，搭设操作简便，工效高，其所用的交叉斜杆截面尺寸小，经济性好。但作为工具式定型产品同样存在通用性问题。

4. 盘扣式钢管支撑体系

盘扣式钢管支撑体系由立杆、水平杆、斜杆和连接盘等组成。组装时，立杆采用套管承插连接，水平杆和斜杆采用杆端扣接头卡入连接盘，用楔形插销连接，形成几何不变体系的钢管支架。

节点连接可靠，立杆与水平杆为轴心连接，配套斜杆连接，提高了架体的抗侧向力稳定性；杆件的系列化、标准化设计，适应各种结构和空间的组架，搭配灵活；由于有斜杆的连接，还可搭设悬挑结构、跨空结构等。

5. 普通独立钢支撑

独立钢支撑是由支撑立柱、支撑头组成的。其特征有以下四点：支撑头的钢板板面上焊有两组间距的四肢角钢；支撑立柱下部有由支撑架组装头、支撑、立柱左右卡瓦和锁紧装置组成的折叠三脚架，支撑架组装头呈槽钢形断面，槽钢形断面的腹板上开有矩形孔，腹板上焊有主支撑，在上下翼缘板上开有销孔，用销钉连接左右支撑，在左右支撑的销轴上套接立柱左右卡瓦，卡瓦由上下卡瓦和卡瓦板焊成；焊有扇形钢板的锁紧装置手柄以销钉连接在主支撑上；支撑立柱的内管上套有回形销钉。

二、模板支架搭设施工

（一）前期准备工作

模板支架搭设前的准备工作主要包括编制专项方案、组织专家论证、对搭设班组进行专项交底。

模板工程施工前，施工单位应根据工程结构形式、荷载大小、地基土类别、施工设备和材料供应等条件进行设计，选择合适的模板类型进行模板及支撑架设计，计算模板及支撑架的强度、刚度、整体稳定性，保证能可靠承受结构荷载、混凝土振捣荷载及施工荷载。

《危险性较大的分部分项工程安全管理办法》中说明：搭设高度 5 m 及以上，或搭设跨度 10 m 及以上，或施工总荷载 10 kN/m² 及以上，或集中线荷载 15 kN/m 及以上，或高度大于支撑水平投影宽度且相对独立无联系构件的混凝土模板支撑工程为危险性较大的分部分项工程，施工单位需要在施工前编制专项方案。

搭设高度 8 m 及以上，或搭设跨度 18 m 及以上，或施工总荷载 15 kN/m² 及以上，或集中线荷载 20 kN/m 及以上的为"超过一定规模的危险性较大的分部分项工程"，施工单位应当编制专项方案并组织专家对专项方案进行论证。

支模架施工过程中不但个别作业人员可能因高处坠落发生伤亡，若作业中支模系统发生坍塌，更会造成其上作业人员群死群伤的重大伤亡事故。

因此，施工作业前，必须对工人进行专项交底，还必须认真按高支模的要求作业，切实预防各类事故发生。支模架施工前，主管工长及班组长、施工作业人员均需要认真熟悉方案交底中的排架图，并严格按照排架图，提前在支模架搭设区域放线排架，保证支模架的整体性及稳定性。

（二）扣件式钢管脚手架支撑体系搭设要求

在钢筋混凝土现浇结构的施工过程中，扣件式钢管支撑架作为模板支架是当前应用最为广泛的一种模板支撑体系，为了保证支撑结构的安全性，我们有必要掌握构造措施的具体要求。

1. 在立柱底距离地面 200 mm 高处，沿纵横水平方向应按纵下横上的顺序设扫地杆，每根立柱底部应设置底座及垫板，垫板厚度不得小于 50 mm。

横向扫地杆在纵向扫地杆的下面，通过设置扫地杆能有效地增大模板支架的整体刚度，使立杆受力趋于均匀，有效地共同工作，提高承载力。同时可以避免因局部支架刚度偏小、变形过大进而影响整个支架稳定性的现象。

2. 可调支托底部的立柱顶端应沿纵横向设置一道水平拉杆。扫地杆与顶部水平拉杆之间的间距，在满足模板设计所确定的水平拉杆步距要求条件下，进行平均分配确定步距后，在每一步距处纵横向应各设一道水平拉杆。当层高为 8~20 m 时，在最顶步距两水平拉杆中间应加设一道水平拉杆；当层高大于 20 m 时，在最顶两步距水平拉杆中间应分别增加一道水平拉杆。所有水平拉杆的端部均应与四周建筑物顶紧顶牢。无处可顶时，应在水平拉杆端部和中部沿竖向设置连续式剪刀撑。

3. 满堂支撑架的可调底座、可调托撑螺杆伸出长度不宜超过 300 mm，插入立杆内的长度不得小于 150 mm。立杆伸出顶层水平杆中心线至支撑点的长度不应超过 0.5 m。

满堂扣件式钢管支撑架是在纵、横方向，由不少于三排立杆并与水平杆、水平剪刀撑、竖向剪刀撑、扣件等构成的脚手架。该架体顶部钢结构安装等（同类工程）施工荷载通过可调托轴心传力给立杆，顶部立杆呈轴心受压状态，简称满堂支撑架。

4. 当立柱底部不在同一高度时，高处的纵向扫地杆应向低处延长不少于 2 跨，高低差不得大于 1 m，立柱距离边坡上方边缘不得小于 0.5 m。

5. 立柱接长严禁搭接，必须采用对接扣件连接，相邻两立柱的对接接头不得在同步内。且对接接头沿竖向错开的距离不宜小于 500 mm，各接头中心距主节点不宜大于步距的 1/3。

6. 严禁将上段的钢管立柱与下段钢管立柱错开固定在水平拉杆上。

7. 在架体外侧周边及内部纵、横向每 5~8 m，应由底至顶设置连续竖向剪刀撑，剪刀撑宽度应为 5~8 m。在竖向剪刀撑顶部交点平面应设置连续水平剪刀撑。

剪刀撑是对脚手架起着纵向稳定，加强纵向刚性的重要杆件。

（1）水平剪刀撑：在架体外侧周边及内部纵、横每 5~8 m 由底至顶设置连续竖向剪刀撑，剪刀撑宽度为 5~8 m；水平剪刀撑至架体底平面距离与水平剪刀撑间距不超过 8 m。

（2）纵向剪刀撑：十字盖宽度不得超过 7 根立杆，与水平夹角应为 45~60°。剪刀撑的里侧一根与交叉处立杆用回转扣件扣牢，外侧一根与小横杆伸出部分扣牢。

剪刀撑斜杆的接长应采用搭接或对接，当采用搭接时，搭接长度不应小于 1 m，并应采用不少于 3 个旋转扣件固定。

（三）扣件式钢管支模架搭设施工流程

检查钢管、扣件质量→钢管分类→选取立杆、支撑→整理地面基础→放线定梁位→设水平扫地杆→立杆固定校正→加剪刀撑杆→定梁底标高→复测检查加固。

（四）支模架检查验收

支模架检查验收应根据专项施工方案，检查现场实际搭设与方案的扣件式支模架符合性。施工过程中检查项目应符合下列要求：

1. 立柱底部基础应回填夯实。

2. 垫木应满足设计要求。

3. 底座位置应正确，自由端高度、顶托螺杆伸出长度应符合规定。

4. 立杆的间距和垂直度应符合要求，不得出现偏心荷载。

5. 扫地杆、水平拉杆、剪刀撑等设置应符合规定，固定可靠。

6. 安装后的扣件螺栓扭紧力矩应达到 40~65 N·m。抽检数量应符合规范要求。

三、高大模板支撑系统

（一）高大模板支撑系统的定义

高大模板支撑系统是指建设工程施工现场混凝土构件模板支撑高度超过8 m，或搭设跨度超过 18 m，或施工总荷载大于 15 kN/m² 及以上；或集中线荷载大于 20 kN/m 的模板支撑系统。

施工单位应依据国家现行相关标准规范，由项目技术负责人组织相关专业技术人员，结合工程实际，编制高大模板支撑系统的专项施工方案，并经过专家论证方可实施。

（二）高大模板支撑系统专项施工方案

施工方案的主要内容应包括以下几项：

1. 编制说明及依据：相关法律、法规、规范性文件、标准、规范及图纸（国标图集）、施工组织设计等。

2. 工程概况：高大模板工程特点、施工平面及立面布置、施工要求和技术保证条件，具体明确支模区域、支模标高、高度、支模范围内的梁截面尺寸、跨度、板厚、支撑的地基情况等。

3. 施工计划：施工进度计划、材料与设备计划等。

4. 施工工艺技术：高大模板支撑系统的基础处理、主要搭设方法、工艺要求、材料的力学性能指标、构造设置及检查、验收要求等。

5. 施工安全保证措施：模板支撑体系搭设及混凝土浇筑区域管理人员组织机构、施工技术措施、模板安装和拆除的安全技术措施、施工应急救援预案，模板支撑系统在搭设、钢筋安装、混凝土浇捣过程中及混凝土终凝前后模板支撑体系位移的监测监控措施等。

6. 劳动力计划：包括专职安全生产管理人员、特种作业人员的配置等。

7. 计算书及相关图纸：验算项目及计算内容包括模板、模板支撑系统的主要结构强度和截面特征及各项荷载设计值及荷载组合，梁、板模板支撑系统的强度和刚度计算，梁板下立杆稳定性计算，立杆基础承载力验算，支撑系统支撑层承载力验算，转换层下支撑层承载力验算等。每项计算列出计算简图和截面构造大样图，注明材料尺寸、规格、纵横支撑间距。

（三）高支模施工的通病治理

1. 支架沉降不均匀

（1）原因：地基不平或地基承载力不足。

（2）防治措施：对原土地基进行夯实平整；当地基承载力不足时，采用浇筑混凝土垫层或铺设钢、木垫板。

2. 上下螺杆伸出长度超出规范要求

（1）原因：梁、板结构截面变化引起支架高度的变化，在立杆材料规格相同的情况下，局部出现上下螺杆超长的现象。

（2）防治措施：在支架搭设前，应充分考虑到支架主构件和托座的正常高度，当预计会出现螺杆超长的情况时，应提前在支承面标高上做分段的调整，避免支撑系统承载力的降低。对超长的螺杆采取纵横拉设水平杆的临时加固措施，并对立杆的承载力进行相应的折减。

3. 扫地杆、水平杆、剪刀撑拉设未形成整体

（1）原因：专项施工方案未充分考虑支架整体性，出现立杆或门架排设间距不合理等而无法形成整体；搭设前未进行立杆排设放线，造成钢管立杆或门式架排放位置参差不齐，水平拉杆、剪刀撑无法拉设，造成支架整体稳定性差。

（2）防治措施：在专项施工方案在支撑系统设计中，尽量使梁、板的立杆或门架排设时纵横间距一致或模数统一；搭设前严格按专项施工方案的立杆或门架排设要求进行放线，使立杆或门式架纵横排列形成整体。

4. 门架搭设时矮架在下

（1）原因：操作人员贪图施工方便，使门架头重脚轻。

（2）防治措施：搭设前对操作人员进行口头和书面交底，搭设时质量安全员现场监督执行。

5. 支架垂直度不符合要求

（1）原因：支架材料由于多次周转出现变形而又未及时进行更换，搭设时操作人员未及时对支架垂直度进行调整。

（2）防治措施：及时更换变形支架材料；搭设时采用线坠或经纬仪密切监测其安装垂直度，严格控制在规范规定的范围内，确保支架系统的安全性。

6. 支架顶部支柱采用搭接形式

（1）原因：为避免截断材料，在支架顶层支柱采用搭接形式，造成上下立柱受力错位，通过扣件传力。

（2）防治措施：根据支架搭设高度合理组合材料使用，避免搭接现象；如出现搭接现象，应对扣件抗滑移能力进行验算，并保证扣件拧紧力矩达到规范要求。

高支模在搭设及使用过程中，必须加强日常安全管理，遵循先设计后施工的基本原则，支架的设计要达到结构稳定、构造合理的要求，重视支架的整体稳定性，并应尽量与已浇筑的建筑构件立体连接，提高支架的整体抗倾覆能力，做好信息化监测措施，严格控制钢管支架的过量应力与变形，加强施工中的通病治理，确保支架的使用安全稳定。

第三节　楼板模板的制作安装

模板工序是使混凝土按设计形状成形的关键工序，拆模后混凝土构件必须达到表面平整、线角顺直、不漏浆、不跑模（爆模）、不烂根、梁类构件不下挠，使混凝土成形质量达到规定的标准。为了达到这样的质量要求，首先必须了解楼板模板的构造特点。

一、楼板模板的构造特点

第一，楼板模板一般面积大而厚度不大，侧向压力小，下部架空。

第二，楼板模板包括板底模和支架，主要承受钢筋、混凝土的自重及施工荷载，在施工过程中保证模板不变形，楼板安装首先就要解决强度、刚度的问题。

第三，楼板模板一般与梁模板连成一体。模板铺设前，先在梁侧模外边钉立木和横档，在横档上安装搁栅。搁栅安装要水平，调平后即可铺放楼板模板。

第四，在密肋钢筋混凝土楼盖的施工中常采用塑料模壳作为模板来使用，模板采用增强的聚丙烯塑料制作，其周转使用次数达 60 次以上。模壳的主要规格为 1200 mm×1200 mm、1500 mm×1500 mm。

第五，采用桁架做支撑结构时，一般应预先支好梁、墙模板，然后将桁架按模板设计要求支设在梁侧模通长的型钢或方木上，调平固定后再铺设楼板模板。

第六，早拆模板体系。早拆模板是为实现早期拆除楼板模板而采用的一种支模装置和方法，其工作原理就是"拆板不拆柱"，拆模时使原设计的楼板处于短跨（短跨小于 2 m）的受力状态，即保持楼板模板跨度不超过相关规范所规定的跨度要求。这样，只要当混凝土强度达到设计强度的 50%时即可拆除楼板模板及部分支撑，而柱间、立柱及可调支座仍保持支撑状态。当混凝土强度达到设计要求时，再拆去全部竖向支撑。

二、楼板模板安装工艺

楼板模板的安装工序：搭设模板支架→安装横、纵向钢（木）楞→调整模板下皮标高并且按规定要求起拱→铺设模板→检查模板上皮标高、平整度→楼板模板预检。

楼板模板安装的施工要点如下：

第一，底层地面应夯实，并铺垫脚板。采用多层支架支模时，支柱应垂直，上下层支柱应在同一竖向中心线上，各层支柱间的水平拉杆和剪刀撑要认真加强。

第二，拉通线调节支柱高度，先将大楞木找平，再架设小楞木，楼板跨度大于4 m时，模板的跨中要起拱，起拱高度为板跨度的1%~3%。

第三，采用组合钢模板做楼板模板时，大楞木可采取φ48 mm×3.5 mm双钢管、冷轧轻型卷边槽钢、轻型可调钢桁架，其跨度经计算确定；小楞木可采取φ48 mm×3.5 mm双钢管或方木，必须保证每一块模板长度内有两根楞木支撑。同时，应尽量采取大规格的模板，以减少模板拼缝；楼板模板与梁侧模板及墙体模板相交处用阴角模板固定。

第四，楼板与墙板或梁板交接阴角处均应设置一根通常方木，用来固定阴角处模板，保证阴角顺直和防止漏浆。

第五，铺模板时可从四周铺起，并在中间收口。楼面模板铺完后，应认真检查支架是否牢固，模板梁面、板面应清扫干净。

第六，挂模施工。挂模就是吊模，是指没有下部支撑而悬在空中的模板。它可以用各种方式固定，一般用在有高低差的部位，与其他模板施工最明显的地方是下口无支撑或采取特殊方式加以固定支撑，一般都承受侧向荷载，保持其稳定性，能使混凝土构件水平度、垂直度达到要求即可。

三、模板质量要求

第一，模板及其支架具有足够的强度、刚度和稳定性，不致发生不允许的下沉和变形；其支架的支承部分必须有足够的支承面积。以满堂脚手架等做支撑加固的模板，其必须采取稳定措施。检验方法为对照模板设计，现场观察或尺量检查。

第二，模板接缝严密，不得漏浆，宽度应不大于2 mm。检查数量：墙和板抽查20%。检验方法：观察和用楔形塞尺检查。

第三，模板表面应清理干净，并均匀涂刷脱模剂，不得有漏涂现象。

第四，模板安装允许偏差及检验方法见表5-1。

表5-1　模板安装允许偏差及检验方法

项　目		允许偏差/mm	检验方法
轴线位置		5	尺量
底模上表面标高		±5	水准仪或拉线、尺量
模板内部尺寸	基础	±10	尺量
	柱、墙、梁	±5	尺量
	楼梯相邻踏步高差	5	尺量
柱、墙垂直度	层高≤6 m	8	经纬仪或吊线、尺量
	层高>6 m	10	经纬仪或吊线、尺量
相邻模板表面高差		2	尺量
表面平整度		5	2 m靠尺和塞尺量测

第四节　板（梁）的混凝土浇筑

一、施工缝与后浇带的留设与处理

（一）施工缝的留设与处理

施工缝指的是在混凝土浇筑过程中，因施工工艺需要分层、分段浇筑而在先、后浇筑的混凝土之间所形成的接缝。施工缝并不是一种真实存在的"缝"，它只是因后浇筑混凝土超过初凝时间，而与先浇筑的混凝土之间存在一个结合面，该结合面称为施工缝（区别于变形缝、后浇带等）。

1. 施工缝的留设位置

施工缝的留设位置应在混凝土浇筑之前确定，总的留设原则；设置在结构受剪力较小和便于施工的部位。受力复杂的结构构件或有防水抗渗要求的结构构件，施工缝留设位置应经设计单位认可。

单向板施工缝应留设在平行于板短边的任何位置。

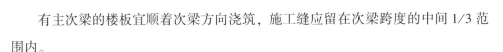

有主次梁的楼板宜顺着次梁方向浇筑，施工缝应留在次梁跨度的中间1/3范围内。

2. 施工缝的处理

（1）待已浇筑的混凝土抗压强度不小于1.2 MPa时，才可进行施工缝处施工。

（2）进行凿毛、清洗，清除泥垢、浮渣、松动石子等，积水要清除（施工缝处）。

（3）满铺一层10~15 mm厚水泥浆或与混凝土中砂浆成分相同的水泥砂浆后，即可继续浇筑混凝土。

（二）后浇带的留设与处理

后浇带，也称施工后浇带。为了解决高层主体与低层裙房的差异沉降（后浇沉降带）或解决钢筋混凝土收缩变形（后浇收缩带）或解决混凝土温度应力（后浇温度带），按照设计，在相应位置留设临时施工缝，将结构暂时分为若干部分，一定时间后再浇捣该施工缝混凝土，将结构连成整体。

1. 后浇带的留设

后浇带的留置必须依据设计要求的位置与尺寸，设在受力和变形较小的部位，间距一般不超过40 m，宽度不低于800 mm。

后浇带收口是工程的重点和难点，由于收口处理不好，造成后浇带两侧混凝土跑、胀现象发生，为后期清理增加很大难度。目前，最常见的收口有锯齿板收口、快易收口网收口和钢板网收口三种。

（1）锯齿板。锯齿板适用于厚度比较小的楼层板的后浇带收口，遇钢筋穿过位置制作成锯齿口，齿口的宽度1.5倍的钢筋直径，后浇带两侧锯齿板之间采用50 mm×100 mm×1000 mm木方进行支顶。收口的锯齿板在下层钢筋网片绑扎完成后进行安装，安装过程中对于齿口部位可采用钢丝网辅助进行收口。

（2）快易收口网。快易收口网是用热浸锌钢板制成，其具有密度小、易切割、易弯曲、易成型、易搬运的优点。其适用于底板、地下室外墙后浇带的收口。混凝土浇筑时，网眼上的斜角片嵌在混凝土里，这样新旧混凝土接槎处能有较好的咬合力。

（3）钢丝网。由于钢丝网刚度小，主要配合快易收口网、锯齿板使用（在钢筋部位或局部小洞口部位使用）。

后浇带部位需要设置支撑架的只有楼板后浇带。对于楼板后浇带架体要同其他区域架体同时进行支设，但由于后浇带两侧的梁板在未补浇混凝土前长期处于悬臂状态，后浇带部位架体（后浇带两侧至少各一跨）需要在后浇带混凝土浇筑完成且达到100%强度后方可以拆除。因此，楼板后浇带部位的模板、支撑体系要独立设置，以便相邻区域模板、支架拆除时不影响后浇带部位的模板、支架。为此，在模板支架实施前就需要进行考虑，实施过程中模板、支架宜从后浇带开始向两侧支设。

2. 后浇带的浇筑

楼板面后浇带混凝土浇筑施工工序：清理先浇混凝土界面→检查原有模板的严密性与可靠性→调整后浇带钢筋并除锈→浇筑后浇带混凝土→后浇带混凝土养护。

浇筑混凝土前，应将后浇带表面清理干净，并对钢筋整理或施焊。所有后浇带的清理、钢筋除锈、调直、模板的支设、混凝土浇筑等应派专人管理，并一直到养护结束。

二、梁板混凝土的浇筑

（一）浇筑前的准备工作

1. 检查模板的标高、位置及严密性，支架的强度、刚度、稳定性；检查外架是否搭设高出该层混凝土完成面 1.5 m，并满挂密目网；清理模板内垃圾、泥土、积水和钢筋上的油污；高温天气模板宜浇水湿润。

2. 做好钢筋及预留预埋管线的验收和钢筋保护层检查，做好钢筋工程隐蔽记录。注意梁柱交接处钢筋过密时，绑扎时应留置振捣孔。

3. 施工缝处混凝土表面已经清除浮浆，剔凿露出石子，用水冲洗干净，湿润后清除明水。松动砂石和软弱混凝土层已经清除，已浇筑混凝土强度 ≥

1.2 MPa（通过同条件试块来确定）。

4. 混凝土浇筑前的各项技术准备到位，管理人员到位及施工班组、技术、质检人员到位，要进行现场技术交底。各种用电工具检修正常，夜间照明设施完善，施工道路畅通。

5. 搭好施工马道，泵管用马凳搭设固定好，必须高于板面 150 mm 以上。

（二）梁板混凝土浇筑要点

1. 肋形楼板的梁板应同时浇筑，浇筑方法应由一端开始，使用"赶浆法"，即先将梁根据梁高分层浇筑成阶梯形，当达到板底位置时再与板的混凝土一起浇筑，随着阶梯形不断延长，梁板混凝土浇筑连续向前推进。

2. 和板连成整体的大断面梁允许将梁单独浇筑，其施工缝应留在板底以下 2~3 cm 处。浇捣时，浇筑与振捣必须紧密配合，第一层下料慢些，梁底充分振实后再下二层料。用"赶浆法"保持水泥浆沿梁底包裹石子向前推进，每层均应振实后再下料，梁底及梁膀部位要注意振实，振捣时不得触动钢筋及预埋件。

3. 梁柱节点钢筋较密时，浇筑此处混凝土时宜用与细石子同强度等级混凝土浇筑，并用小直径振捣棒振捣。

4. 浇筑板混凝土的虚铺厚度应略大于板厚，用平板振捣器垂直浇筑方向来回拖动振捣，并用铁插尺检查混凝土厚度，振捣完毕后用木刮杠刮平，浇水后再用木抹子压平、压实。施工缝处或有预埋件及插筋处用木抹子抹平。浇筑板混凝土时不允许用振捣棒铺摊混凝土。

5. 混凝土浇筑时钢筋工、木工、电工必须有专人到场。

（1）钢筋工：重点注意剪力墙及梁的钢筋在混凝土浇筑时不要贴着模板，板的面筋在浇筑混凝土时不要翘起，特别是楼板的面筋在梁上的锚固位置。

（2）木工：重点注意跑模、爆模的发生。

（3）电工：重点注意用电安全和保障。

6. 混凝土浇筑完成以后 12 h 内立即安排专人养护，养护时间达到规范和设计规定要求。

三、混凝土的质量缺陷处理

（一）外观质量缺陷及产生的原因

混凝土结构拆模后，应从外观上检查其表面有无麻面、蜂窝、孔洞、露筋、缺棱掉角、缝隙夹层等缺陷，外形尺寸是否超过规范允许偏差。

1. 麻面

麻面是指混凝土表面呈现出无数绿豆般大小的不规则小凹点，直径通常不大于 5 mm。

成因分析：模板表面未清理干净，附有水泥浆渣等杂物。浇筑前模板上未洒水湿润或湿润不足，混凝土的水分被模板吸去或模板拼缝漏浆，靠近拼缝的构件表面浆少，拆模后出现麻面。混凝土搅拌时间短，加水量不准确致使混凝土和易性差，混凝土浇筑时有的地方砂浆少石子多，形成蜂麻面。混凝土没有分层浇筑，造成混凝土离析，出现麻面。混凝土入模后振捣不到位，气泡未能完全排出，拆模后出现麻面。

2. 蜂窝

蜂窝是指混凝土表面无水泥浆，集料间有空隙存在，形成数量或多或少的窟窿，大小如蜂窝，形状不规则，露出石子深度大于 5 mm，深度不漏主筋，可能漏箍筋。

成因分析：模板漏浆或振捣过度，跑浆严重致使出现蜂窝。混凝土坍落度偏小，配合比不当，或砂、石子、水泥材料加水量计量不准，造成砂浆少、石子多，加上振捣时间过短或漏振形成蜂窝。混凝土下料不当或下料过高，未设串筒使石子集中，造成石子砂浆离析，没有采用带浆法下料和赶浆法振捣。混凝土搅拌与振捣不足，使混凝土不均匀，不密实，和易性差，振捣不密实，造成局部砂浆过少。

3. 孔洞

孔洞是指混凝土表面有超过保护层厚度，但不超出截面尺寸 1/3 缺陷，结构内存在着空隙, 局部或部分没有混凝土。

成因分析: 内外模板距离狭窄, 振捣困难, 集料粒径过大, 钢筋过密, 造成混凝土下料中被钢筋卡住, 下部形成孔洞。混凝土流动性差, 或混凝土出现离析, 粗集料同时集中到一起, 造成混凝土浇筑不畅形成孔洞。未按浇筑顺序振捣, 有漏振点形成孔洞。没有分层浇筑, 或分层过厚, 使下部混凝土振捣作用半径达不到, 呈松散状态而形成孔洞。

4. 露筋

钢筋混凝土结构内部的主筋、负筋或箍筋等裸露在混凝土表面。

成因分析: 浇筑混凝土时, 垫块发生位移或数量太少; 保护层薄或该处混凝土漏振; 结构构件截面小, 钢筋过密。

5. 缝隙夹层

施工缝处混凝土结合不好, 有缝隙或有杂物, 造成结构整体性不良。

成因分析: 浇筑前, 未认真处理施工缝表面; 捣实不够; 浇筑前垃圾未能清理干净。

6. 缺棱掉角

梁、柱、板、墙和洞口直角处混凝土局部掉落, 不规整, 棱角有缺陷。

成因分析: 混凝土浇筑前木模板未湿润或湿润不够, 或者钢模板未刷脱模剂或刷涂不均匀; 混凝土养护不好; 过早拆除侧面非承重模板; 拆模时外力作用或重物撞击, 或保护不好, 棱角被碰掉。

混凝土外观质量检查的相关内容在之前章节已有介绍, 这里不再赘述。

(二) 混凝土质量缺陷的处理

1. 表面抹浆修补

对数量不多的小蜂窝、麻面、露筋、露石的混凝土表面, 主要是保护钢筋和混凝土不受侵蚀, 可用 1 : 2 ~ 1 : 2.5 水泥砂浆抹面修整。

2. 石混凝土填补

当蜂窝比较严重或露筋较深时, 应去掉不密实的混凝土, 用清水洗净并充分湿润后，再用比原强度等级高一级的细石露筋烂根修补混凝土填补并仔细捣实。

3. 水泥灌浆与化学灌浆

对于宽度大于 0.5 mm 的裂缝，宜采用水泥灌浆；对于宽度小于 0.5 mm 的裂缝，宜采用化学灌浆。

四、混凝土强度的检查

混凝土的强度检验主要是抗压强度检验。它既是评定混凝土是否达到设计强度的依据，也是混凝土工程验收的控制性指标，还可为结构构件的拆模、出厂、吊装、张拉、放张提供混凝土实际强度的依据。

（一）混凝土试件的取样与留置

1. 用于检查结构构件混凝土强度的试件取样规定

应在浇筑地点随机抽取，对同一配合比混凝土，取样与试件留置应符合下列规定：

（1）每拌制 100 盘且不超过 100 m³ 时，取样不得少于 1 次。

（2）每工作班拌制不是 100 盘时，取样不得少于 1 次。

（3）连续浇筑超过 1000 m³ 时，每 200 m³ 取样不得少于 1 次。

（4）每一楼层取样不得少于 1 次。

（5）每次取样应至少留置一组试件。

2. 用于混凝土结构实体检验的同条件养护试件的取样规定

同条件养护试块是指混凝土试块脱模后放置在混凝土结构或构件一起，进行同温度、同湿度环境的相同养护，达到等效养护龄期时进行强度试验的试件。它的试压强度值是反映混凝土结构实体强度的重要指标，其试验强度是作为结构验收的重要依据。

同条件养护试件的留置方式和取样数量，应由监理（建设）、施工等各方共同选定，并应符合下列规定：

（1）对混凝土结构工程中的各混凝土强度等级，均应留置同条件养护试件。

（2）同一强度等级的同条件养护试件，其留置数量应根据混凝土工程量和重要性确定，不宜少于 10 组，且不应少于 3 组，其中每连续 2 层楼不应小于 1 组。

（3）同条件养护试件的留置宜均匀分布于工程施工周期内，2 组试件留置之间浇筑的混凝土量不得大于 2000 m³。

同条件养护试件拆模后，应放置在靠近相应结构构件或结构部位的适当位置，并应采取相同的养护方法。为便于保管，施工单位通常将试块装在特制的钢筋笼内并放置在相应的位置。

3. 有抗渗要求的混凝土结构，其试件应在浇筑地点随机取样

同一工程、同一配合比的混凝土取样不应少于 1 次，留置组数可根据实际需要确定。

（二）每组试件的强度

1. 取 3 个试件的算术平均值。

2. 当 3 个试件强度中的最大值和最小值之一与中间值之差超过中间值的 15%时，取中间值。

3. 当 3 个试件强度中的最大值和最小值与中间值的差均超过中间值的 15%时，该组试件不作为强度评定的依据。

（三）强度评定

混凝土强度应分批验收，同一验收批的混凝土由强度等级相同、龄期相同及生产工艺和配合比基本相同的混凝土组成。按单位工程的验收项目划分验收批，同一验收批的混凝土强度应以全部标准试件的强度代表值评定。

混凝土强度检验评定应符合《混凝土强度检验评定标准》的相关规定。

由于施工质量不良、管理不善、试件与结构中混凝土质量不一致，或对试件试验结果有怀疑时，可采用钻芯取样或回弹法、超声回弹综合法等非破损检验方法，按有关规定进行强度推定，作为是否进行处理的依据。

第六章 高层钢筋混凝土工程

本章由云南恒丰建设咨询管理有限公司袁伟撰写，结合其在昆明医科大学第一附属医院 5 号楼建设项目任总监理工程师的施工现场技术管理工作实例编写。该项目地下 4 层，地上 26 层，基坑深度约 20 m，建筑高度 98.05 m，建筑面积 11.73 万 m²，其中地下建筑面积 23 554 m²，地上建筑面积 93 713.62 m²，建安投资 7.27 亿元。

第一节 高层建筑垂直运输

一、塔式起重机

（一）塔式起重机的原理和分类

塔式起重机具有提升、回转、水平输送（通过滑轮车移动和臂杆仰俯）等功能，不仅是重要的吊装设备，而且是重要的垂直运输设备，用其垂直和水平吊运长、大、重的物料仍为其他垂直运输设备（施）所不及。

塔式起重机的分类见表 6-1。

表 6-1 塔式起重机的分类

分类方式	类别
按固定方式划分	固定式、轨道式、附墙式、内爬式
按架设方式划分	自升、分段架设、整体架设、快速拆卸
按塔身构造划分	非伸缩式、伸缩式
按臂构造划分	整体式、伸缩式、折叠式
按回转方式划分	上回转式、下回转式
按变幅方式划分	小车移动、臂杆仰俯、臂杆伸缩
按控速方式划分	分级变速、无级变速
按操作控制方式划分	手动操作、计算机自动监控

（二）塔式起重机的选择

在高层建筑施工中，应根据工程的不同情况和施工要求，选择适合的塔式起重机。

第一，塔式起重机的主要参数应满足施工需要。塔式起重机的主要参数包括工作幅度、起重高度、起重量和起重力矩。

第二，塔式起重机的生产率应满足施工需要。实际确定时，由于施工需要和安排的不同，常须按以下不同情况来考虑：

塔式起重机以满足结构安装施工为主，服务垂直运输为辅。

一是在吊装作业进行时段，不能承担垂直运输任务。

二是在吊装作业时段，可以利用吊装的间隙承担部分垂直运输任务。

三是在不进行吊装作业的时段，可全部用于垂直运输。

四是结构安装工程阶段结束后，塔式起重机转入以承担垂直运输为主，部分零星吊装为辅。

在一、二两种情况下，均不能对塔式起重机服务于垂直运输方面做出任何定时和定量的要求，需要另行考虑垂直运输设施。在第三种情况下，除非施工安排和控制均有把握将全部或大部分的垂直运输作业放在不进行结构吊装的时段内进行，否则仍须考虑另设垂直运输设施，以确保施工的顺利进行。

塔式起重机以满足垂直运输为主，以零星结构安装为辅。例如，采用现浇混凝土结构的工程，塔式起重机以承担钢筋、模板、混凝土和砂浆等材料的垂直运输为主，按照规范标准确定其生产率是否能满足施工的需要。当不能满足时，应选择供应能力适合的塔式起重机或考虑增加其他垂直运输设施。

第三，综合考虑、择优选用。当塔式起重机主要参数和生产率指标均可满足施工要求时，还应综合考虑、择优选用性能好、工效高和费用低的塔式起重机。一般情况下，13层以下建筑工程可选用轨道式上回转或下回转式塔式起重机，如TQ60/80或QTG60，且以采用快速安装的下回转式塔式起重机为最佳；13层以上建筑工程可选用轨道式或附着式上回转塔式起重机，如QTZ120、QT80、QT80A、QT280；而30层以上的高层建筑应优先采用内爬式塔式起重机，如QTP60等。

外墙附着式自升塔式起重机的适应性强，装拆方便，且不影响内部施工，但塔身接高和附墙装置随高度增加台班费用较高；而内爬式塔式起重机适用于小施工现场，装设成本低，台班费用也低，但装拆麻烦，爬升洞的结构须适当加固。因此，应综合比较其利弊后择优选用。

（三）塔式起重机安装的安装

塔式起重机的安装过程分两个阶段：第一阶段是通过辅助设备安装，大多采用履带式起重机或汽车式起重机安装塔座与吊臂；第二阶段是自行爬升。

1. 安装塔式起重机前的准备工作

（1）塔式起重机的安装队伍具备塔式起重机安装的专业素质，能保证塔式起重机的使用安全和质量要求。

（2）按说明图示尺寸开挖基础，混凝土强度等级为 C20，基础外观尺寸为 3.5 m×3.5 m×1.4 m，基础表面平整度允许偏差度不大于 5 mm，基础下土质应坚固夯实，预埋件及地脚螺栓位置差小于 5 mm。安置好预埋件，按出厂说明图纸配筋，其标高位置符合出厂说明要求即可。基础周围设 1.2 m 高的防护栏杆，离防护栏杆 0.5 m 设排水沟。

（3）基础周围土方回填并夯实平整，严禁开挖；安装场地平整，修好通道；按规定架设专用电箱，做好装塔式起重机前的技术检查工作。

（4）确定安装所需仪器、工具、劳保用品全部到位，零配件全部到场。

（5）安装前向所有安装人员进行全面技术交底。

2. 塔式起重机的安装程序

安装底盘→安装底节→安装顶升套架→安装标准节→安装上下支座、回转机构→安装过渡节→安装塔帽→安装驾驶室→安装平衡臂→安装起升机构→安装起重臂→接电源及调试→升顶加节。

3. 塔式起重机的安装要点

（1）起重机在架设前，对架设驱动机构进行检查，保证机构处于正常的状态。起重机的尾部与建筑物将要搭设的外围施工设施间距要大于 0.5 m。

（2）塔式起重机起吊安装时，应清除覆盖在构件上的浮物，检查起吊构件是否平衡，吊具吊索安全系数应大于 6 倍以上。升高就位时，缓慢前进，禁止撞击，当拉索栓接好后，为配合安装，汽车吊钩下降应缓慢进行，禁止快速下降，使臂架重力临时全部给拉杆承受。

（3）安装塔式起重机时，应将平衡臂装好，随即必须将吊臂也装好才能休息，不得使塔身单向受力时间过长。

（4）液压顶升前，对钢结构及液压系统进行检查，发现钢结构件有脱焊、裂缝等损伤或液压系统有泄漏，必须停机整修后方可再进行安装。塔式起重机顶升应严守操作规程。顶升前，将臂杆转到规定位置；顶升时，必须在已加上的标准节的连接预紧力达到要求后，方可再进行加节，顶升中禁止回转和变幅，齿轮泵在最大压力下持续工作时间不得超过 3 min。顶升完毕，应检查电源是否切断，左右操纵杆要退回中间零位，各分段螺栓应紧固。有抗扭支撑的，必须按规定顶升后经过验收方可使用。

（5）对高强度螺栓进行连接时要注意安全，如因拧紧力矩较大须两人配合时，配合者应手掌平托工具，以免受到伤害。

（6）起重机必须分阶段进行技术检验。整机安装完毕后，应进行整机技术检验和调整，各机构动作应正确、平稳、无异响，制动可靠，各安全装置应灵敏有效；在无荷载情况下，塔身和基础平面的垂直度允许偏差为 4/1000；经分段及整机检验合格后，应填写检验记录，经技术负责人审查签证后方可交付使用。

4. 塔式起重机安装安全技术措施

（1）现场施工技术负责人应对塔式起重机做全面检查，对安装区域安全防护做全面检查，组织所有安装人员学习安装方案；塔式起重机司机对塔式起重机各部位机械构件做全面检查；电工对电路、操作、控制、制动系统做全面检查；吊装指挥对已准备的机具、设备、绳索、卸扣、绳卡等做全面检查。

（2）参与作业的人员必须持证上岗；进入施工现场必须遵守施工现场各项安全规章制度，统一指挥，统一联络信号，合理分工，责任到人。

（3）作业中不得离开驾驶室，驾驶室内严禁放置易燃物品和妨碍操作的物品；禁止在塔式起重机上乱放工具、零件和杂物，严禁从塔式起重机上向下抛掷任何物品；严禁酒后作业。

（4）起升、下降重物时，重物下方严禁有人通行和停留；夜间操作时必须有足够的照明。

（5）操作人员必须在规定的通道内上、下塔式起重机，并且不得持握任何物件；禁止无关人员上下塔式起重机。

（6）操作人员必须按照塔式起重机的维护保养规程对机上设备和绳索具进行日常检查、保养、维修和更换。

（7）进入现场戴好安全帽，在 2 m 以上高空必须正确使用经试检合格的安全带。一律穿胶底防滑鞋和工作服上岗。

（8）作业人员必须听从指挥。如有更好的方法和建议，必须得到现场施工及技术负责人同意后方可实施，不得擅自做主和更改作业方案。

（9）紧固螺栓应用力均匀，按规定的扭矩值扭紧；穿销子，严禁猛打猛敲；构件间的孔对位，使用撬棒找正，不能用力过猛，以防滑脱；物体就位缓慢靠近，严禁撞击损坏零件。

（10）安装作业区域和四周布置两道警戒线，安全防护左右各 20 m 处挂起警示牌，严禁任何人进入作业区域或在四周围观。现场安全监督员全权负责安装区域的安全监护工作。

（11）顶升作业要专人指挥，电源、液压系统应有专人操纵。

（12）塔式起重机试运转及使用前应进行使用技术交底，并组织塔式起重机驾驶员学习《起重机械安全规程》，经考核合格后方可上岗。

二、施工升降机

施工升降机也称为建筑施工电梯、外用电梯，是高层建筑施工中主要的垂直运输设备之一。它附着在外墙或其他结构部位上，随着建筑物的升高，架设高度可达 200 m 以上（国外施工升降机的最高提升高度已达 645 m）。

（一）施工升降机的分类、性能和架设高度

施工升降机是用吊笼载人、载物沿导轨做上下运输的施工机械。施工升降机

按其传动形式分为齿轮齿条式、钢丝绳式和混合式 3 种。其中，钢索牵引的是早期产品，已很少使用。目前，国内外大部分采用的是齿轮齿条曳引的形式。星轮滚道是近几年发展起来的，传动形式先进，但目前其载重能力较小。齿条驱动电梯又有单吊箱（笼）式和双吊箱（笼）式两种，并装有可靠的限速装置，适用于 20 层以上建筑工程使用；绳轮驱动电梯为单吊箱（笼）式，无限速装置，轻巧便宜，适用于 20 层以下建筑工程使用。

施工升降机按用途可以分为货用施工升降机（用于运载货物，禁止运载人员的施工升降机）和人货两用施工升降机（用于运载人员及货物的施工升降机）。

施工升降机按动力装置又可分为电动和电动液压两种。电力驱动的施工升降机，工作速度约为 40 m/min，而电动液压驱动的施工电梯升降机其工作速度可达 96 m/min。施工升降机的主要部件由基础、立柱导轨井架、带有底笼的平面主框架、梯笼和附墙支撑组成。其主要特点是用途广泛、适应性强，安全可靠，运输速度高，提升高度最高可达 200 m 以上。

第一，施工升降机的主要技术参数如下：

额定载重量：工作工况下吊笼允许的最大荷载。

额定安装载重量：安装工况下吊笼允许的最大荷载。

额定乘员人数：包括司机在内的吊笼限乘人数。

额定提升速度：吊笼装载额定载重量，在额定功率下稳定上升的设计速度。

最大提升高度：吊笼运行至最高上限位置时，吊笼底板与底架平面间的垂直距离。

最大行程：吊笼允许的最大运行距离。

最大独立高度：导轨架在无侧面附着时，能保证施工升降机正常作业的最大架设高度。

第二，施工升降机的组成部分包括以下几项：

导轨架：用以支撑和引导吊笼、对重等装置运行的金属构架。

底架：用来安装施工升降机导轨架及围栏等构件的机架。

地面防护围栏：地面上包围吊笼的防护围栏。

附墙架：按一定间距连接导轨架与建筑物或其他固定结构，从而支撑导轨架的构件。

标准节：组成导轨架的可以互换的构件。

吊笼：用来运载人员或货物的笼形部件，以及用来运载物料的带有侧护栏的平台或斗状容器的总称。

天轮：导轨架顶部的滑轮总称。

对重：对吊笼起平衡作用的重物。

层站：建筑物或其他固定结构上供吊笼停靠和人货出入的地点。

层门：层站上通往吊笼的可封闭的门。

层站栏杆：层站上通往吊笼出入口的栏杆。

安全装置：保证施工升降机使用中安全的一些装置。

（二）施工升降机的安全装置

施工升降机的安全装置包括限速装置、防坠安全器、上下限位、极限限位、防断绳开关、缓冲弹簧、门限位开关、围栏门锁、制动系统、超载保护装置等。

1. 限速制动装置

限速制动装置有重锤离心式摩擦捕捉器和双向离心摩擦锥鼓限速装置两种。重锤离心式摩擦捕捉器在作用时产生的动荷载较大，对电梯结构和机构可能产生不利的影响；双向离心摩擦锥鼓式限速装置的优点在于减少了中间传力路线，在齿条上实现柔性直接制动，安全可靠性大，冲击性小，且其制动行程也可以预调。

当梯笼超速30%时，其电气部分即自行切断主回路；当超速40%时，机械部分即开始动作，在预调行程内实现制动，可有效防止上升时"冒顶"和下降时出现"自由落体"坠落现象。

2. 制动装置

制动装置除上述限速制动装置外，还有以下几种制动装置：

（1）限位装置。由限位碰铁和限位开关构成。设在梯架顶部的为最高限位装置，可防止冒顶，设在楼层的为分层停车限位装置，可实现准确停层。

（2）电机制动器。有内抱制动器和外抱电磁制动器等。

（3）紧急制动器。有手动楔块制动器和脚踏液压紧急刹车等，在限速和传动机构都发生故障时，可紧急实现安全制动。

3. 断绳保护开关

梯笼在运行过程中因某种原因使钢丝绳断开或放松时，断绳保护开关可立即控制梯笼停止运行。

4. 塔形缓冲弹簧

塔形缓冲弹簧装在基座下面，使梯笼降落时免受冲击，不致使乘员受震。

（三）施工升降机使用注意事项

1. 施工升降机应能在环境温度为 $-20 \sim 40℃$ 的条件下正常作业。超出此范围时，按特殊要求，由用户与制造厂协商解决。

2. 施工升降机应能在顶部风速不大于 20 m/s 下正常作业，应能在风速不大于 13 m/s 条件下进行架设、接高和拆卸导轨架作业。如有特殊要求时，由用户与制造厂协商解决。

3. 施工升降机应能在电源电压值与额定电压值偏差为 $\pm 5\%$ 、供电总功率不小于使用说明书规定的条件下正常作业。

4. 电梯司机必须身体健康（无心脏病和高血压病），并经训练合格，严禁非司机开车。

5. 司机必须熟悉电梯的结构、原理、性能、运行特点和操作规程。

6. 严禁超载，防止偏重。

7. 班前、满载和架设时均应做电动机制动效果的检查（点动 1 m 高度，停 2 min，里笼无下滑现象）。

8. 坚持执行定期进行技术检查和润滑的制度。

9. 对于斗梯笼，严禁混凝土和人混装（乘人时不载混凝土；载混凝土时不乘人）。

10. 司机开车时应思想集中，随时注意信号，遇事故和危险时立即停车。

11. 在下列情况下严禁使用：电机制动系统不灵活可靠；控制元件失灵和控制系统不全；导轨架和管架的连接松动；视野很差（大雾及雷雨天气）、滑杆结冰及其他恶劣作业条件；齿轮与齿条的啮合不正常；站台和安全栏杆不合格；钢丝绳卡得不牢或有锈蚀断裂现象；限速或手动刹车器不灵；润滑不良；司机身体不正常；风速超过 12 m/s（6 级风）；导轨架垂直度不符合要求；减速器声音不正常；齿条与齿轮齿厚磨损量大于 1 mm；刹车楔块齿尖变钝，其平台宽大于 0.2 mm；限速器未按时检查与重新标定；导轨架管壁厚度磨损过大（100 m 梯超过 1 mm；75 m 梯超过 1.2 mm；50 m 梯超过 1.4 mm）。

12. 做好当班记录，发现问题及时报告并查明解决。

13. 按规定及时进行维修和保养，一般规定：一级保养 160 h；二级保养 480 h；中修 1440 h；大修 5760 h。

三、泵送设备及管道

（一）混凝土泵的工作原理与分类

混凝土泵有活塞泵、气压泵和挤压泵等几种不同的构造和输送形式。目前，应用较多的是活塞泵。活塞泵按其构造和原理的不同，又可分为机械式和液压式两种。

1. 机械式混凝土泵的工作原理

进入料斗的混凝土，经拌和器搅拌可避免分层。喂料器可帮助混凝土拌和料由料斗迅速通过吸入阀进入工作室。吸入时，活塞左移吸入阀开，压出阀闭，混凝土吸入工作室；压出时，活塞右移，吸入阀闭，压出阀开，工作室内的混凝土拌和料受活塞挤出，进入导管。

2. 液压活塞泵，是一种较为先进的混凝土泵

当混凝土泵工作时，搅拌好的混凝土拌和料装入料斗，吸入端片阀移开，排出端片阀关闭，活塞在液压作用下，带动活塞左移，混凝土混合料在自重及真空吸力作用下，进入混凝土缸。然后液压系统中压力油的进出方向相反，活塞右移，同时吸入端片阀关闭，排出端片阀移开，混凝土被压入管道，输送到浇筑地点。由于混凝土泵的出料是一种脉冲式的，所以一般混凝土泵都有两套缸体左右并列，交替出料，通过 Y 形导管送入同一管道，使出料稳定。

（二）混凝土汽车泵或移动泵车

1. 混凝土汽车泵原理

将液压活塞式混凝土泵固定安装在汽车底盘上，使用时开至需要施工的地点，进行混凝土泵送作业，称为混凝土汽车泵或移动泵车。一般情况下，此种泵车都附带装有全回转三段折叠臂架式的布料杆。整个泵车主要由混凝土推送机构、分配闸阀机构、料斗搅拌装置、悬臂布料装置、操作系统、清洗系统、传动系统、汽车底盘等部分组成。该种泵车使用方便，适用范围广，它既可以利用在工地配置装接的管道输送到较远、较高的混凝土浇筑部位，也可以发挥随车附带的布料杆的作用，把混凝土直接输送到需要浇筑的地点。

混凝土泵车布料杆是在混凝土泵车上附装的既可伸缩也可曲折的混凝土布料装置。混凝土输送管道就设在布料杆内，末端是一段软管，用于混凝土浇筑时的布料工作。施工时，现场规划要合理布置混凝土泵车的安放位置。一般混凝土泵应尽量靠近浇筑地点，并要满足两台混凝土搅拌输送车能同时就位，使混凝土泵能不间断地得到混凝土供应，进行连续压送，以充分发挥混凝土泵的有效能力。混凝土泵车的输送能力一般为 80 m^3/h；在水平输送距离为 520 m 和垂直输送高度为 110 m 时，输送能力为 30 m^3/h。

2. 移动式混凝土输送泵车施工注意事项

（1）移动式混凝土输送泵车只能用于混凝土的输送，除此以外的任何用途（如起吊重物）都是危险的。

（2）泵车臂架泵送混凝土的高度和距离都是经过严格计算和试验确认的，任何在末端软管后续接管道或将末端软管加长超过 3 m 都是不允许的，由此产生的风险由操作者自己承担。

（3）未经授权禁止对泵车进行可能影响安全的修改，包括更改安全压力、运行速度设定；改用大直径输送管或增加输送管壁厚，更改控制程序或线路；对臂架及支腿的更改等。

（4）泵车操作人员必须佩戴好安全帽，并遵守安全法规及工地上的安全规程。

3. 移动式混凝土输送泵车的操作系统及性能

移动式混凝土输送泵车由臂架、泵送、液压、支撑、电控 5 部分组成。移动式混凝土输送泵车电气控制系统的控制方式主要有 5 种，即机械式、液压式、机电控制式、可编程控制器式和逻辑电路控制式。

移动式混凝土输送泵车上除安装电气控制系统以完成控制任务外，还安装有手动控制操纵系统，它也是控制系统的一部分。如果采用机械操纵，一般有杆系操纵机构和软轴操纵机构两种方式。如果将两者进行对比就不难发现，软轴操纵机构有更多的优越性，如布置灵活、传动效率高、过渡接头少而且空行程小、行程调节方便等，所以，混凝土泵车的操纵系统主要是选择软轴操纵机构。根据实际需要，在泵车的操纵系统中应该能够实现无级调速操纵，而能够使操纵杆停止在任何一个位置的锁定机构是实现无级调速操纵的关键装置，一般可以选用碟形弹簧或弹簧板等。

为便于操作，操纵手柄都设计安装在较方便的位置，如普茨迈斯特 BSF36.092 型泵车，其控制发动机转速的操纵手柄就装在梯子边，操作方便。混凝土泵车的操纵系统主要用来控制主液压泵流量和发动机转速，从而改变泵车的混凝土排出量。如采用液压操纵，则可直接从泵车的泵送系统中获取液压驱动力，并通过手动液压阀实现操控。

混凝土输送是否顺利与混凝土的性能密不可分，同时在操作过程中注意操作规程的细节，及时发现、及时排除故障，以提高输送泵的工作效率。管道清洗有水洗和气洗两种方法。不管是水洗或是气洗，都要将阀箱体和料斗清洗干净。水洗时，把用水浸过的扎成圆柱形的水泥袋和清洗球先后装进已清洗干净的锥管，接上锥管、管道，关闭卸料门，再向料斗注满水（须保持水源不断），泵送水，直到清洗球从输送管的前端冒出为止。气洗即压缩空气吹洗，是把浸透水的清洗球先塞进气洗接头，再接与变径管相接的第一根直管，并在管道的末端接上安全盖，安全盖的孔口要朝下。控制压缩空气的压力不超过 0.8 MPa，气阀要缓慢开启，当混凝土能顺利流出时才可开大气阀。

4. 移动式混凝土输送泵车支承安全注意事项

（1）支承地面必须是水平的，否则有必要做一个水平支承表面。不能支承在空穴上。

（2）泵车必须支承在坚实的地面上。若支腿最大压力大于地面许用压力，必须用支承板或辅助方木来增大支承表面面积。

（3）泵车支承在坑、坡附近时，应保留足够的安全间距。

（4）支承时，须保证整机处于水平状态，整机前后左右水平最大偏角不超过3°。

（5）在展开或收拢支腿时，支腿旋转的范围内都是危险区域，人员在范围内有可能被夹伤。

（6）支承时，所有支腿必须伸缩和展开到规定的位置（支腿与支耳上箭头对齐，前支腿臂与前支腿伸出臂箭头对齐），否则有倾翻的危险。

（7）必须按要求支撑好支腿才能操作臂架，必须将臂架收拢放于臂架主支撑上后才能收支腿。

（8）出现稳定性降低的因素必须立即收拢臂架，排除后重新按要求支承。降低稳定性的因素包括由雨、雪水或其他水源引起的地面条件变化。

5. 伸展臂架安全注意事项

（1）只有确认泵车支腿已支承妥当后，才能操作臂架，操作臂架必须按照操作规程里说明的顺序进行。

（2）雷雨或恶劣天气情况下（如风力大于8级的天气），不能使用臂架。

（3）操作臂架时，臂架的全部都应在操作者的视野内。

（4）在高压线附近作业时要小心触电的危险，应保证臂架与电线的安全距离。臂架下方是危险区域，可能有混凝土或其他零件掉落伤人。

（5）末端软管规定的范围内不得站人，泵车启动泵送时不得引导末端软管，它可能会摆动伤人或喷射出混凝土引起事故。启动泵时的危险区就是末端软管摆动的周围区域。区域直径是末端软管长度的2倍。末端软管长度最大为3 m，则危险区域直径为6 m。

（6）切勿折弯末端软管，末端软管不能没入混凝土。

（7）如果臂架出现不正常的动作，就要立即按下急停按钮，由专业人员查明原因并排除后方可继续使用。

6. 泵送及维护安全注意事项

（1）泵车运转时，不可打开料斗筛网、水箱盖板等安全防护设施，不可将手伸进料斗、水箱里或用手抓其他运动部件。

（2）泵送时，必须保证料斗内的混凝土在脚板轴的位置之上，防止因吸入气体而引起的混凝土喷射。

（3）堵管时，一定要先反泵释放管道内的压力，然后才能拆卸混凝土输送泵管道。

（4）只有当泵车在稳定的地面上放置好，并确保不会发生意外的移动时，才能进行维护修理工作。

（5）只有臂架被收拢或可靠的支撑，发动机关闭并固定好支腿时，才可以进行维护和修理工作。

（6）进行维护前必须先停机，并释放蓄能器压力。

（7）如果没有先固定相应的臂架就打开臂架液压锁，有臂架下坠伤人的危险。

7. 移动式混凝土输送泵车保养方法

（1）混凝土泵车保养方法应按照保养手册中相应的要求和方法，日常使用时，对使用前、后泵车相关项目进行检查。

（2）按照使用保养手册中相应的要求和方法，参考润滑表，对泵车各部件进行及时和充分的润滑。

（3）按照使用保养手册中相应的要求和方法，选择指定型号的液压油，定期更换液压系统用油。

（4）按照使用手册中混凝土泵车保养方法和要求，定期检查泵送系统部分的水箱、混凝土缸、混凝土输送管。

（5）按照使用保养手册中相应的要求和方法，定期检查和调整臂架旋转基座固定螺栓的力矩。

（6）按照使用手册中混凝土泵车保养方法，定期检查和调整臂架、旋转基座、支腿、支撑结构、减速器等部件。

（7）按照使用保养手册中相应的要求和方法，定期检查液压系统和元件、电气系统和元件的工作状态。

（8）针对寒冷天气应采用混凝土泵车保养方法。

（三）固定式混凝土泵

固定式混凝土泵使用时，须用汽车将它拖带至施工地点，与工地的输送管网连接，然后进行混凝土输送。这种形式的混凝土泵主要由混凝土推送机构、分配闸机构、料斗搅拌装置、操作系统、清洗系统等组成。它具有输送能力大、输送高度高等特点，一般水平输送距离为 250～600 m，最大垂直输送高度超过 150 m，输送能力为 60 m^2/h 左右，适用于高层建筑的混凝土输送。

固定式混凝土泵是通过管道依靠压力输送混凝土的施工设备，它配有特殊的管道，可以将混凝土沿着管道连续地完成水平输送和垂直输送，是现有混凝土输送设备中比较理想的一种，它将预拌混凝土生产与泵送施工结合起来，利用混凝土搅拌运输车进行中间运转，可实现混凝土的连续泵送和浇筑。固定式混凝土泵用于高楼、高速公路、立交桥等大型混凝土工程的混凝土输送工作。

四、垂直运输设施的设置要求

（一）垂直运输设施的一般设置要求

1. 覆盖面和供应面

塔式起重机的覆盖面是指以塔式起重机的起重幅度为半径的圆形吊运覆盖面积；垂直运输设施的供应面是指借助水平运输手段（手推车等）所能达到的供应范围。其水平运输距离一般不宜超过 80 m。建筑工程的全部的作业面应处于垂直运输设施的覆盖面和供应面的范围之内。

2. 供应能力

塔式起重机的供应能力等于吊次乘以吊量（每次吊运材料的体积、质量或件数）；其他垂直运输设施的供应能力等于运次乘以运量，运次应取垂直运输设施和与其配合的水平运输机具中的低值。另外，须乘以一个数值为 0.5～0.75 的折减系数，以考虑由于难以避免的因素对供应能力的影响（如机械设备故障和人为的耽搁等）。垂直运输设备的供应能力应能满足高峰工作量的需要。

3. 提升高度

设备的提升高度能力应比实际需要的提升高度高出不少于 3 m，以确保安全。

4. 水平运输手段

在考虑垂直运输设施时，必须同时考虑与其配合的水平运输手段。当使用塔式起重机做垂直和水平运输时，要解决好料笼和料斗等材料容器的问题。由于外脚手架（包括桥式脚手架和吊篮）承受集中荷载的能力有限，因此，一般不使用塔式起重机直接向外脚手架供料；当必须用其供料时，则须视具体条件分别采取以下措施：

（1）在脚手架外增设受料台，受料台则悬挂在结构上（准备 2~3 层用量，用塔式起重机安装）。

（2）使用组联小容器，整体起吊，分别卸至各作业地点。

（3）在脚手架上设置小受料斗（须加设适当的拉撑），将砂浆分别卸注于小料斗中。

当使用其他垂直运输设施时，一般使用手推车（单轮车、双轮车和各种专用手推车）做水平运输，其运载量取决于可同时装入几部手推车及单位时间内的提升次数。

5. 装设条件

垂直运输设施装设的位置应具有相适应的装设条件，如具有可靠的基础、与结构拉结和水平运输通道条件等。

6. 设备效能的发挥

垂直运输设施必须同时考虑满足施工需要和充分发挥设备效能的问题。当各施工阶段的垂直运输量相差悬殊时，应分阶段设置和调整垂直运输设备，及时拆除已不需要的设备。

7. 设备的充分利用

充分利用现有设备，必要时添置或加工新的设备。在添置或加工新的设备时

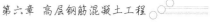

应考虑今后利用的前景。一次使用的设备应考虑在用毕以后可拆改它用。

8. 安全保障

安全保障是使用垂直运输设施中的首要问题，必须按以下几个方面严格做好：

（1）首次试制加工的垂直运输设备，须经过严格的荷载和安全装置性能试验，确保达到设计要求（包括安全要求）后才能投入使用。

（2）设备应装设在可靠的基础和轨道上。基础应具有足够的承载力和稳定性，并设有良好的排水措施。

（3）设备在使用以前必须进行全面的检查和维修保养，确保设备完好。未经检修保养的设备不能使用。

（4）严格遵照设备的安装程序和规定进行设备的安装（搭设）和接高工作。初次使用的设备，工程条件不能完全符合安装要求的，以及在较为复杂和困难的条件下，应制定详细的安装措施，并按措施的规定进行安装。

（5）确保架设过程中的安全，须注意以下事项：

①高空作业人员必须佩戴安全带。

②按规定及时设置临时支撑、缆绳或附墙拉结装置。

③在统一指挥下作业。

④在安装区域内停止进行有碍确保架设安全的其他作业。

⑤设备安装完毕后，应全面检查安装（搭设）的质量是否符合要求，并及时解决存在的问题。随后进行空载和负载试运行，判断试运行情况是否正常，吊索、吊具、吊盘、安全保险和刹车装置等是否可靠。以上均无问题时才能交付使用。

⑥进出料口之间的安全设施。垂直运输设施的出料口与建筑结构的进料口之间，根据其距离的大小设置铺板或栈桥通道，通道两侧设护栏。建筑物入料口设栏杆门，小车通过之后应及时关上。

⑦设备应由专门的人员操纵和管理，严禁违章作业和超载使用。设备出现故障或运转不正常时应立即停止使用，并及时予以解决。

⑧位于机外的卷扬机应设置安全作业棚。操作人员的视线不得受到遮挡。当

作业层较高，观测和对话困难时，应采取可靠的解决方法，如增加卷扬定位装置、对讲设备或多级联络办法等。

⑨作业区域内的高压线一般应予拆除或改线，不能拆除时，应与其保持安全作业距离。

使用完毕，按规定程序和要求进行拆除工作。

（二）高层建筑垂直运输设施的合理配套

在高层、超高层建筑施工中，合理配套是解决垂直运输设施时应当充分注意的问题。一般情况下，建筑超过 15 层或高度超过 40 m 时，应设施工电梯以解决施工人员的上下问题，同时，施工电梯又可承担相当数量的施工材料的垂直运输任务。但大宗的、集中使用性强的材料，如钢筋、模板、混凝土等，特别是混凝土的用量最大和使用最集中，能否保证及时地输送上去，直接影响到工程的进度和质量要求。因此，必须解决好垂直运输设施的合理配套设置问题。

在选择配套方案时，应从以下几个方面进行比较：

短期集中性供应和长期经常性供应的要求，从专供、联分供和分时段供三种方式的比较中选定。所谓联分供方式，即"联供以满足集中性供应要求，分供以满足流水性供应要求"。

使设备的利用率和生产率达到较高值，使利用成本达到较低值。

在充分利用企业已有设备、租用设备或购进先进的设备方面做出正确的抉择。在抉择时，一要可靠，二要先进，三要适应日后发展。在技术要求高的超高层建筑施工中，选用、引进先进的设备是十分必要的，因为企业利用这些现代化设备不但可以出色地完成施工任务，而且能使企业的技术水平获得显著提高与发展。

第二节　高层建筑模板施工

模板是在施工中使混凝土构件按设计的几何尺寸浇铸成型的模型，是钢筋混凝土工程的重要组成部分。现浇钢筋混凝土结构用模板的造价约占钢筋混凝土总造价的30%，总用工量的50%。随着建筑业的快速发展，高层建筑成了城市化的标志，更多的高层及超高层建筑不断出现，因此，高层建筑的模板体系的选择也成了该建筑能否顺利完成的重要因素之一。采用先进的模板技术，对于提高高层工程质量、加快施工速度、提高劳动生产率、降低工程成本和实现文明施工都具有十分重要的意义。常见的高层建筑模板体系有大模板、滑模和爬模等，本节主要以爬模为例来介绍。

一、爬升模板的概念、特点与分类

爬升模板简称爬模，是一种自行爬升、不需起重机吊运的模板，可以一次成型一个墙面，且可以自行升降，是综合大模板与滑模工艺特点形成的一种成套模板技术，同时具有大模板施工和滑模施工的优点，又避免了它们的不足。其适用于高层建筑外墙外侧和电梯井筒内侧无楼板阻隔的现浇混凝土竖向结构施工，特别是一些外墙立面形态复杂，采用艺术混凝土或不抹灰饰面混凝土、垂直偏差控制较严的高层建筑。

爬模施工工艺具有以下特点：

第一，爬升模板施工时，模板的爬升依靠自身系统设备，不需塔式起重机或其他垂直运输机械，减少了起重机吊运工程量，避免了塔式起重机施工常受大风影响的弊端。

第二，爬模施工时，模板是逐层分块安装的，其垂直度和平整度易于调整和控制，施工精度较高。

第三，爬模施工中模板不占用施工场地，特别适用于狭小场地上高层建筑的施工。

第四，爬模装有操作脚手架，施工安全，无须搭设外脚手架。

第五，对于一片墙的模板不用每次拆装，可以整体爬升，具有滑模的特点；一次可以爬升一个楼层的高度，可一次浇筑一层楼的墙体混凝土，又具有大模板的优点。

第六，施工过程中，模板与爬架的爬升、安装、校正等工序与楼层施工的其他工序可平行作业，有利于缩短工期。但爬模无法实行分段流水施工，模板的周转率低，因此，模板配制量要大于大模板施工。

爬模施工工艺可分为模板与爬架互爬、爬架与爬架互爬、模板与模板互爬及整体爬模等类型。

二、模板与爬架互爬

模板与爬架互爬，是以建筑物的钢筋混凝土墙体为支承主体，通过附着于已完成的钢筋混凝土墙体上的爬升支架或大模板，利用连接爬升支架与大模板的爬升设备，使一方固定，另一方做相对运动，交替向上爬升，以完成模板的爬升、下降、就位和校正等工作。

该技术是最早采用并应用广泛的一种爬模工艺。

（一）构造与组成

爬升模板由大模板、爬升支架和爬升设备三部分组成。

1. 模板

爬模的模板与一般大模板构造相同，由面板、横肋、竖向大肋、对拉螺栓等组成。面板一般采用薄钢板，也可用木（竹）胶合板。横肋和竖向大肋常采用槽钢，其间距通常根据有关规范计算确定。新浇混凝土对墙两侧模板的侧压力由对拉螺栓承受。

模板的高度一般为建筑标准层高度加 100~300 mm，所增加的高度是模板与下层已浇筑墙体的搭接高度，用于模板下端的定位和固定。模板下端须增加橡胶衬垫，使模板与已结硬的钢筋混凝土墙贴紧，以防止漏浆。模板的宽度可根据一片墙的宽度和施工段的划分确定，可以是一个开间、一片墙或一个施工段的宽度，其分块要与爬升设备能力相适应。

在条件允许的情况下，模板越宽越好，可以减少各块模板之间的拼接和拆卸，提高模板安装精度，提高混凝土墙面的平整度。

根据爬升模板的工艺要求，模板应设置两套吊点，一套吊点（一般为两个吊环，在制作时焊在横肋或竖肋上）用于分块制作和吊运时用；另一套吊点用于模板爬升，设在每个爬架位置，要求与爬架吊点位置相对应，一般在模板拼装时进行安装和焊接。

模板附有爬升装置和操作脚手架。模板上的爬升装置是用于安装和固定爬升设备的。常用的爬升设备为环链手拉葫芦和单作用液压千斤顶。采用环链手拉葫芦时，模板上的爬升装置为吊环，以便挂手拉葫芦。用于模板爬升的吊环，设在模板中部的重心附近，为向上的吊环；用于爬架爬升的吊环设在模板上端，由支架挑出，位置与爬架重心相符，为向下的吊环。施工中吊环与模板重心一致，可以避免模板倾斜，减少施工难度。采用单作用液压千斤顶时，模板爬升装置分别为千斤顶座（用于模板爬升）和爬杆支座（用于爬架爬升）。模板背面安装千斤顶的装置尺寸应与千斤顶底座尺寸相对应。模板爬升装置为安装千斤顶的铁板，位置在模板的重心附近。用于爬架爬升的装置是爬杆的固定支架，安装在模板的顶端。模板的爬升装置与爬架爬升设备的装置要处在同一条竖直线上。

外附脚手架和悬挂脚手设在模板外侧，用于模板的拆模、爬升、安装就位、校正固定、穿墙螺栓安装与拆除、墙面清理和嵌塞穿墙螺栓等操作。脚手架的宽度为 600~900 mm，每步高度为 1800 mm。脚手架每步均须满铺脚手板，外侧设扶手并挂安全网。

大模板如采用多块模板拼接，由于在模板爬升时，模板拼接处会产生弯曲和切应力，所以在拼接节点处应比一般大模板加强，可采用规格相同的型钢跨越拼接缝，以保证竖向和水平方向传递内力的连续性。分块模板的拼接处尽可能设在两个爬架之间。

2. 爬升支架

爬升支架由支承架、附墙架、吊模扁担和千斤顶架等组成。爬升支架是承重结构，主要依靠支承架固定在下层已达规定强度的钢筋混凝土墙体上，并随施工层的上升而升高，其下部有水平拆模支承横梁，中部有千斤顶座，上部有挑梁和吊模扁担，主要起悬挂模板、爬升模板和固定模板的作用。因此，要求其具有一定的强度、刚度和稳定性。支承架用作悬挂和提升模板，一般由型钢焊成格构柱。为便于运输和装拆，一般做成两个标准桁架节，使用时将标准节拼起来，并用法兰盘连接。为方便施工人员上下，支承架尺寸不应小于 650 mm×650 mm。

附墙架承受整个爬升模板荷载，通过穿墙螺栓传递给下层已达到规定强度的混凝土墙体。底座应采用不少于 4 个连接螺栓与墙体连接，螺栓的间距和位置尽可能与模板的穿墙螺栓孔相符，以便用该孔作为底座的固定连接孔。支承架的位置如果在窗口处，也可利用窗台做支承。但支承架的安装位置必须准确，防止模板安装时产生偏差。

爬升支架顶端高度，一般要超出上一层楼层高度 0.8~1.0 m，以保证模板能爬升到待施工层位置的高度；爬升支架的总高度（包括附墙架），一般应为 3~3.5 个楼层高度，其中附墙架应设置在待拆模板层的下一层；爬架间距要使每个爬架受力不要太大，以 3~6 m 为宜；爬架位置在模板上要均匀对称布置；支承架应设有操作平台，周围应设置防护设施，以策安全。吊模扁担、千斤顶架（或吊环）的位置，要与模板上的相应装置处同一竖线上，以提高模板的安装精度，使模板或爬升支架能竖直向上爬升。

3. 爬升设备

爬升动力设备可以根据实际施工情况而定。常用的爬升设备有环链手拉葫芦、电动葫芦、单作用液压千斤顶、双作用液压千斤顶、爬模千斤顶等，其起重能力一般要求为计算值的两倍以上。

环链手拉葫芦是一种手动的起重机具，其起升高度取决于起重链的长度。起重能力应比设计计算值大 1 倍，起升高度比实际需要起升高度大 0.5~1 m，以便于模板或爬升支架爬升到就位高度时，尚有一定长度的起重链可以摆动，便于就位和校正固定。

单作用液压千斤顶为穿心式，可以沿爬杆单方向向上爬升，但爬升模板和爬升爬架各需一套液压千斤顶，每爬升一个楼层还要抽、拆一次爬杆，施工较为烦琐。

安装单作用液压千斤顶时，其底盘与爬升模板或爬升支架的连接底座用 4 个螺栓固定。插入千斤顶内的爬杆上端用螺栓与挑架固定，安装后的千斤顶和爬杆应呈垂直状态。爬升模板用的千斤顶连接底座，安装在模板背面的竖向大肋上，爬杆上端与爬升支架上挑架固定。当模板爬升就位时，从千斤顶顶部到爬杆上端固定位置的间距不应小于 1 m。爬升支架用的千斤顶连接底座，安装在爬升支架中部的挑架上，爬杆上端与模板上挑架固定。当爬升支架爬升就位时，从千斤顶到爬杆上端固定位置的间距不应小于 1 m。

双作用液压千斤顶既能沿爬杆向上爬升，又能将爬杆上提。在爬杆上下端分别安装固定模板和爬架的装置，依靠油路用一套双作用千斤顶就分别可以完成爬升模板和爬升爬架两个动作。由于每爬升一个楼层无须抽、拆爬杆，施工较为快速。

4. 油路和电路

与滑模施工一次提升整个施工段比较，爬模一次只提升一片墙的模板，所需的油泵和油箱都较小，但是爬模爬升一个楼层高度需要千斤顶连续进行多个冲程，因此对液压泵车的速度有较高的要求，选择液压油源时要注意爬升模板的特点。由于爬升一个楼层的高度，千斤顶须进、排油 100 多次，为了使每个千斤顶（特别是负荷最大、线路最远处的千斤顶）进油时的冲程和排油的回程都充分以减少千斤顶的升差，又要使进、回油时间最短，在爬模所用电路中，需要装置一套自动控制线路。

（二）施工工艺

模板与爬架互爬工艺流程：弹线找平→安装爬架→安装爬升设备→安装外模板→绑扎钢筋→安装内模板→浇筑混凝土→拆除内模板→施工楼板→爬升外模板→绑扎上一层钢筋并安装内模板→浇筑上一层墙体→爬升爬架。如此模板与爬架互爬直至完成整幢建筑的施工。

1. 爬升模板安装

配置爬升模板时，要根据制作、运输和吊装的条件，尽量做到内、外墙均为每间一整块大模板，以便于一次安装、脱模、爬升。内墙大模板可按流水施工段配置一个施工段的用量，外墙内、外侧模板应配足一层的全部用量。外墙外侧模板的穿墙螺栓孔和爬升支架的附墙连接螺栓孔，应与外墙内侧模板的螺栓孔对齐。各分块模板间的拼接要牢固，以免多次施工后变形。

进入现场的爬模装置（包括大模板、爬升支架、爬升设备、脚手架及附件等），应按施工组织设计及有关图样验收，合格后方可使用。爬升模板安装前，应检查工程结构上预埋螺栓孔的直径和位置是否符合图样要求，如有偏差应及时纠正。爬升模板的安装顺序：组装爬架→爬架固定在墙上→安装爬升设备→吊装模板块→拼接分块模板并校正固定。

爬架上墙时，先临时固定部分穿墙螺栓，待校正标高后，再固定全部穿墙螺栓。立柱宜采取先在地面组装成整体，然后安装；立柱安装时，先校正垂直度，再固定与底座相连接的螺栓；模板安装时，先加以临时固定，待就位校正后，再正式固定。所有穿墙螺栓均应由外向内穿入，在内侧紧固。

模板安装完毕后，应对所有连接螺栓和穿墙螺栓进行紧固检查，并经试爬升验收合格后，方可投入使用。

2. 爬架爬升

当墙体的混凝土已经浇筑并具有一定强度后，方可进行爬升。爬架爬升时，爬架的支承点是模板，此时模板须与现浇的钢筋混凝土墙保证良好的连接。爬升前，首先要仔细检查爬升设备的位置、牢固程度、吊钩及连接杆件等，在确认符合要求后方可正式爬升。正式爬升时，应先安装好爬升爬架的爬升设备，拆除爬架上爬升模板用的爬升设备，拆除校正和固定模板的支撑，然后收紧千斤顶钢丝绳，拆卸穿墙螺栓。同时检查卡环和安全钩，调整好爬升支架重心，使其保持垂直，防止晃动与扭转。每只爬架用两套爬升设备爬升，爬升过程中两套爬升设备要同步。应先试爬 50~100 mm，确认正常后再快速爬升。爬升时要稳起、稳落，平稳就位，防止大幅度摆动和碰撞。要注意不要使爬升模板被其他构件卡住，若发现此现象，应立即停止爬升，待故障排除后，方可继续爬升。爬升过程中有关人员不得站在爬架内，应站在模板外附脚手上操作。

爬升接近就位标高时，应切断自动线路，改用手动方式将爬架升到规定标高。完毕应逐个插进附墙螺栓，先插好相对的墙孔和附墙架孔，其余的逐步调节爬架对齐插入螺栓。检查爬架的垂直度并用千斤顶调整，然后及时固定。遇 6 级以上大风，一般应停止作业。

3. 模板爬升

当混凝土强度达到脱模强度（1.2~3.0 N/mm²），爬架已经爬升并安装在上层墙上，爬升爬架的爬升设备已经拆除，爬架附墙处的混凝土强度已经达到

$10\ \text{N/mm}^2$，就可以进行模板爬升。

模板爬升的施工顺序是：在楼面上进行弹线找平→安装模板爬升设备→拆除模板对拉螺栓、固定支撑、与其他相邻模板的连接件→起模→开始爬升。先试爬升 $50 \sim 100\ \text{mm}$，检查爬升情况，确认正常后再快速爬升。爬升过程中随时检查，如有异常应停止爬升进行检查，解决问题后再继续爬升。

爬升接近就位标高时，应暂停爬升，以便进入就位的准备。利用校正螺栓严格按弹线位置将模板就位，检查模板平面位置、垂直度、水平度，如误差符合要求将模板固定。组合并安装好的爬升模板，每爬升一次，要将模板金属件涂刷防锈漆，板面要涂刷脱模剂，并要检查下端防止漏浆的橡胶压条是否完好。

4. 爬架拆除

拆除爬升模板的设备，可利用施工用的起重机，也可在屋面上装设人字形扒杆或台灵架，进行拆除。拆除前要先清除脚手架上的垃圾杂物，拆除连接杆件，经检查安全可靠后，方可大面积拆除。

拆除爬架的施工顺序：拆除悬挂脚手、大模板→拆除爬升设备→拆除附墙螺栓→拆除爬升支架。

5. 模板拆除

模板拆除的施工顺序：自下而上拆除悬挂脚手架、安全设施→拆除分块模板间的连接件→起重机吊住模板并收紧绳索→拆除模板爬升设备，脱开模板和爬架→将模板吊至地面。

三、模板与模板互爬

模板与模板互爬，是一种无架液压爬模工艺。它将外墙外侧模板分成甲、乙两种类型，甲型与乙型模板交替布置，互为支承，由爬升设备和爬杆使相邻模板互相爬升。

(一) 构造与组成

1. 模板

无爬架爬模可分为两种，甲型模板为窄板，高度要大于两个层高；乙型模板要按建筑物外墙尺寸配制，高度均略大于层高，与下层外墙稍有搭接，避免漏浆。两种模板交替布置，甲型模板布置在外墙与内墙交接处，或大开间外墙的中部，乙型模板布置在甲型模板中间。

每块甲型模板的左右两侧均拼接有调节板缝钢板，以调整板缝，并使模板端部形成轨槽，以利于模板的爬升。模板爬升时，要依靠其相邻的模板与墙体的拉结来抵抗爬升时的外张力，模板背面设有竖向背楞，作为模板爬升的依托，并能加强模板的整体刚度。

在乙型模板的下面用竖向背楞做生根处理。背楞紧贴于墙面，并用螺栓固定在下层墙体上。背楞上端设连接板，用以支撑上面的模板。连接是一种简单的过渡装置，可解决模板和生根背楞的连接，同时，用以调节生根背楞的水平标高，使背楞螺孔与混凝土墙上预留的螺孔位置能相吻合。连接板与模板和生根背楞均用螺栓连接，以便于调整模板的垂直度。甲型模板下端则不放生根背楞。

2. 爬升装置

爬升装置由三角爬架、爬杆、卡座和液压千斤顶组成。

三角爬架插在模板上口两端，插入双层套筒，套筒用 U 形螺栓与竖向背楞连接。三角爬架作用是支承卡座和爬杆，可以自由回转。爬杆用 φ25 mm 的圆钢制成，上端用卡座固定，支承在三角爬架上，爬升时处于受拉状态。

3. 操作平台挑架

操作平台用三角挑架做支承，安装在乙型模板竖向背楞和它下面的生根背楞上，上下放置 3 道。上面铺脚手板，外侧设护身栏和安全网。上、中层平台供安装、拆除模板时使用，并在中层平台上加设模板支承一道，使模板、挑架和支承形成稳固的整体，并用来调整模板的角度，也便于拆模时松动模板；下层平台供修理墙面用。

（二）施工工艺

在地面将模板、三角爬架、千斤顶等组装好，组装好的模板用 2 m 靠尺检查，其板面平整度不得超过 2 mm，对角线偏差不得超过 3 mm，要求各部位的螺栓连接紧固。采用大模板常规施工方法完成首层结构后再安装爬升模板，便于乙型模板支设在"生根"背楞和连接板上。甲、乙型模板按要求交替布置。先安设乙型模板下部的"生根"背楞和连接板。"生根"背楞用 φ22 mm 穿墙螺栓与首层已浇筑墙体拉结，再安装中间一道平台挑架，加设支撑，铺好平台板，然后吊运乙型模板，置于连接板上，并用螺栓连接。同时利用中间一道平台挑梁设临时支撑，校正稳固模板。

首次安装甲型模板时，由于模板下端无"生根"背楞和连接板，可用临时支撑校正稳固，随即涂刷脱模剂和绑扎钢筋，安装门、窗口模板。外墙内侧模板吊运就位后，即用穿墙螺栓将内、外侧模板紧固，并校正其垂直度。最后安装上、下两道平台挑架、铺放平台板，挂好安全网。

模板安装就位校正后，装设穿墙螺栓，浇筑混凝土。待混凝土达到拆模强度，即可开始准备爬升甲型模板。爬升前，先松开穿墙螺栓，拆除内模板，并使外墙外侧甲、乙型模板与混凝土墙体脱离。然后将乙型模板上口的穿墙螺栓重新装入并紧固。调整乙型模板三角爬架的角度，装上爬杆，用卡座卡紧。爬杆的下端穿入甲型模板中部的千斤顶中。拆除甲型模板底部的穿墙螺栓，利用乙型模板做支承，将甲型模板爬至预定高度，随即用穿墙螺栓与墙体固定。甲型模板爬升后，再将甲型模板作为支承爬升乙型模板至预定高度并加以固定。校正甲、乙型两种模板，安装内模板，装好穿墙螺栓并紧固，即可浇筑混凝土。如此反复，交替爬升，直至完成工程。

施工时，应使每个流水段内的乙型模板同时爬升，不得单块模板爬升。模板的爬升，可以安排在楼板支模、绑钢筋的同时进行。所以这种爬升方法，不占用施工工期，有利于加快工程进度。

四、爬架与爬架互爬

爬架与爬架互爬系统是由爬架、平台、传动装置和模板等组成的。该工艺以固定在混凝土外表面的爬升挂靴为支点，以摆线针轮减速机为动力，通过内外爬架的相对运动，使外墙外侧大模板随同外爬架相应爬升。当大模板达到规定高度，借助滑轮滑动就位。爬架与爬架互爬过程中内外架互为支承，交替爬升。

五、整体爬模

整体爬模施工工艺是近几年在高层建筑施工中形成的一种爬模技术。用内、外墙整体爬模技术可以同时施工内外墙体，外墙内模和内墙模板须与外墙外模同时爬升，所以，除外爬架外，还要设置内爬架。整体爬模主要组成部分有内、外爬架和内、外模板。内爬架设置在纵、横墙交接处，通过楼板孔洞立在短横扁担上，并用穿墙螺栓将力传递给下层的混凝土墙体其高度略大于两个楼层高，采用格构式钢构件，截面较小。外爬架将力传递给下层混凝土外墙体。内、外爬架与内、外模板相互依靠、交替爬升。

目前，整体爬模施工工艺可分为环链手拉葫芦提升整体爬模施工、电动整体爬模施工、液压整体爬模施工 3 种类型。

六、爬模安全要求

不同组合和不同功能的爬升模板，其安全要求也不同，因此应分别制定安全措施，一般应满足下列要求：

第一，施工中所有的设备必须按照施工组织设计的要求配置。爬升设备起重量应与爬模系统相匹配，不许选用过大的爬升设备，操作中禁止超爬模系统的爬升力进行爬升。

第二，施工中要统一指挥，爬升前要专职安全员签证后方允许进行爬升，要做好原始记录。

第三，爬升时要设置警戒区，设明显标志。

第四，爬模时操作人员站立的位置一定要安全，不准站在爬升件上，而应站在固定件上。

第五，拆下的穿墙螺栓要及时放入专用箱，严禁随手乱放，防止物件坠落伤人。

第六，爬升设备每次使用前要检查，液压设备要专人负责。穿墙螺栓一般每爬升一次应全数检查一次。

第七，外部脚手架和悬挂脚手架应满铺安全网，脚手架外侧设防护栏杆。脚手架上不应堆放材料，脚手架上的垃圾要及时清除。如临时堆放少量材料或机具，必须及时取走，且不得超过设计荷载的规定。

第八，爬升前必须拆尽相互间的连接件，使爬升时各单元能独立爬升，以免相碰。爬升完毕应及时安装好连接件，保证爬升模板固定后的整体性。

第九，作业中要随时检查，出现障碍时应立即查清原因，在排除障碍后方可继续作业。

第十，拆除模板和爬架要有严密的安全措施并事前交底，拆除要有人专门指挥，保持通信畅通。

第三节 高层建筑钢筋施工

一、高层建筑钢筋施工的要点

剪力墙中钢筋的施工是一个颇受关注的施工难点，框架-剪力墙结构施工中更要注意钢筋在剪力墙中的位置关系、钢筋的锚固、钢筋连接等。

（一）钢筋布置

钢筋放在剪力墙结构中不同位置所起的作用不同，竖向水平钢筋和水平分布钢筋所布置的方向是完全不同的，同时，两种钢筋的相互位置所得到的效果是完全不同的。仔细阅读施工图来判断钢筋种类和合理地布置钢筋是关键。

1. 水平分布钢筋布置

水平分布钢筋在剪力墙结构中通常都是双排布置，而且是水平方向布置。在布置水平分布钢筋中，竖向分布钢筋应布置在内侧，水平分布钢筋布置在外侧。采用这种钢筋布置方式，主要是考虑到利用其来抵抗温度应力，阻止混凝土温度所造成的开裂。而对于较长而薄的墙体来说，更应该采用这种钢筋布置方式。

2. 竖向分布钢筋布置

一般情况下，竖向分布钢筋都布置在水平分布钢筋的内侧，而且竖向分布钢筋适宜连续不间断地穿越暗梁。其穿越暗梁时，竖向分布钢筋同样适宜布置在暗梁纵向钢筋的内侧。而且剪力墙通常都是双层布置竖向分布钢筋。若剪力墙厚度较小，也可以把竖向分布钢筋布置在暗梁纵向钢筋的外侧。但无论竖向分布钢筋布置在暗梁纵向钢筋的外侧还是内侧，都必须采用拉结筋，固定竖向分布钢筋与暗梁纵筋，以增加对竖向分布钢筋的约束作用。

3. 连梁和暗梁钢筋布置

两端剪力墙中的连梁纵向钢筋应布置在所有构件的最内侧，即连梁纵筋应布置在水平分布钢筋和竖向分布钢筋的内侧。对于暗梁的纵向钢筋则应布置在两端暗柱的纵筋内侧，同时应两端锚固在暗柱内。

（二）钢筋的锚固

剪力墙中钢筋的锚固在剪力墙结构钢筋工程中，构件的承载力主要是通过计算钢筋用量和合理布置钢筋来体现，而对结构的抗震构造措施等，则体现在钢筋的锚固上。对于钢筋工程施工来说，钢筋的锚固是一个关键施工技术要点。

1. 钢筋的最小锚固长度

剪力墙结构中的钢筋锚固必须按照规范规定满足最小锚固长度，这样才能确保结构的构造措施。根据《高层建筑混凝土结构技术规程》中的规定，在抗震地区中剪力墙结构钢筋的最小抗震锚固长度 l_{aE}：抗震等级为一、二级时取 $1.1\,l_a$（l_a 为钢筋锚固长度）；抗震等级为三级时取 $1.05\,l_a$；抗震等级为四级时取 $1.0\,l_a$。

2. 水平分布钢筋锚固

剪力墙水平分布钢筋应伸至墙端，并向内水平弯折 $10\,d$ 后截断，其中 d 为水平分布钢筋直径。当剪力墙端部有翼墙或转角墙时，内墙两侧的水平分布钢筋和外墙内侧的水平分布钢筋应伸至翼墙或转角墙外边，并分别向两侧水平弯折后截断，其水平弯折长度不宜小于 $15\,d$。在转角墙处，外墙外侧的水平分布钢筋应在墙端外角处弯入翼墙，并与翼墙外侧水平分布钢筋搭接。搭接长度为 $1.2\,l_a$。带边框的剪力墙，其水平和竖向分布钢筋宜分别贯穿柱、梁或锚固在柱、梁内。

3. 竖向分布钢筋的锚固

剪力墙的竖向分布钢筋通常都锚固在基础的墙体或者地下室的基础上。当上下墙体等厚时，剪力墙结构的竖向分布钢筋适宜错开搭接；当上下墙体厚度不等时，则剪力墙结构的竖向分布筋直接伸入基础或者地下室的墙板中锚固，其最小锚固长度按最小搭接长度取值。

（三）连接方式

剪力墙中钢筋的连接剪力墙结构钢筋工程中，钢筋连接方法主要有绑扎连接、机械连接及焊接，其中尤其以绑扎连接居多。因此，这里着重探讨剪力墙中钢筋的绑扎连接要点。

1. 竖向分布钢筋

剪力墙的纵向钢筋每段钢筋长度不宜超过 4 m（钢筋的直径<12 mm）或 6 m（直径>12 mm），水平段每段长度不宜超过 8 m，以利于绑扎。剪力墙竖向分布钢筋可在同一高度搭接，搭接长度不应小于 $1.2\,l_a$。

2. 水平分布钢筋

剪力墙水平分布钢筋的搭接长度不应小于 $1.2\,l_a$ 同排水平分布钢筋的搭接接头之间及上、下相邻水平分布钢筋的搭接接头之间沿水平方向的净间距不宜小于 500 mm。

3. 钢筋绑扎其他要点

将预留钢筋调直理顺，并将表面砂浆等杂物清理干净。先立 2~4 根纵向筋，并画好横筋分档标志，然后于下部及齐胸处绑两根定位水平筋，并在横筋上画好分档标志，然后绑其余纵向筋，最后绑其余横筋。如剪力墙中有暗梁、暗柱时，应先绑暗梁、暗柱再绑周围横筋。剪力墙的钢筋网绑扎，全部钢筋的相交点都要扎牢，绑扎时相邻绑扎点的铁丝扣成八字形，以免网片歪斜变形。混凝土浇筑前，对伸出的墙体钢筋进行修整，并绑一道临时横筋固定伸出筋的间距（甩筋的间距）。墙体混凝土浇筑时派专人看管钢筋，浇筑完后立即对伸出的钢筋（甩筋）进行修整。

二、常见钢筋工程质量问题

（一）柱子纵向钢筋偏位

钢筋混凝土框架基础插筋和楼层柱子纵筋外伸常发生偏位情况，严重者影响结构受力性能。因此，在施工中必须及时进行纠偏处理。

1. 原因分析

（1）模板固定不牢，在施工过程中时有碰撞柱模的情况，致使柱子总筋与模板相对位置发生错动。

（2）因箍筋制作误差比较大，内包尺寸不符合要求，造成柱纵筋偏位，甚至整个柱子钢筋骨架发生扭曲现象。

（3）不重视混凝土保护层的作用，如垫块强度低被挤碎，垫块设置不均匀、数量少，垫块厚度不一致及与纵筋绑扎不牢等问题影响纵筋偏位。

（4）施工人员随意摇动、踩踏、攀登已绑扎成型的钢筋骨架，使绑扎点松弛，纵筋偏位。

（5）浇筑混凝土时，振捣棒极易触动箍筋挤歪而偏位。

（6）梁柱节点内钢筋较密，柱筋往往被梁筋挤歪而偏位。

（7）施工中，有时将基础柱插筋连同底层柱筋一并绑扎安装，结果因钢筋过长，上部又缺少箍筋约束，整个骨架刚度差而晃动，造成偏位。

2. 预防措施

（1）设计时，应合理协调梁、柱、墙间相互尺寸关系。如柱墙比梁边宽50～100 mm，即以大包小，避免上下等宽情况的发生。

（2）按设计图要求将柱墙断面尺寸线标在各层楼面上，然后把柱墙从下层伸上来的纵筋用 2 个箍筋或定位水平筋或定位水筋分别在本层楼面标高及以上500 mm处用柱箍点焊固定。

（3）基础部分插筋应为短筋插接，逐层接筋，并应用使其插筋骨架不变形的定位箍筋点焊固定。

（4）按设计要求正确制作箍筋，与柱子纵筋绑扎必须牢固，绑点不得遗漏。

（5）柱墙钢筋骨架侧面与模板间必须用埋入混凝土垫块中铁丝与纵筋绑扎牢固，所有垫块厚度应一致，并为纵向钢筋的保护层厚度。

（6）在梁柱交接处应用两个箍筋与柱纵向钢筋点焊固定，同时绑扎上部钢筋。

（二）框架节点核心部位柱箍筋遗漏

框架节点是框架结构的重要部位，但节点的梁柱钢筋交叉集中，使该部位柱箍筋绑扎困难。因此，遗漏绑扎箍筋的现场经常发生。

1. 原因分析

因设计单位一般对框架节点柱梁钢筋排列顺序、柱箍筋绑扎等问题都不做细部设计，致使节点钢筋拥挤情况相当普遍，造成核心部位绑扎钢筋困难的局面，因此存在遗漏柱箍筋的现象。

2. 预防措施

（1）施工前，应按照设计图纸并结合工程实际情况合理确定框架节点钢筋绑扎顺序。

（2）框架纵横梁底模支承完成后，即可放置梁下部钢筋。若横梁比纵梁高，先将横梁下部钢筋套上箍筋置于横梁底模上，并将纵梁下部钢筋也套上箍筋放在各自相应的梁的底模上。再把符合设计要求的柱箍筋一一套入节点部位的柱子纵向钢筋绑扎。然后，先后将横纵梁上部纵筋分别穿入各自箍筋，最后，将各梁箍筋按设计间距拉开绑扎固定。若纵梁断面高度大于横梁，则应将上述横纵梁钢筋先后穿入顺序改变，即"先纵后横"。

（3）当柱梁节点处梁的高度较高或实际操作中个别部位确实存在绑扎点柱箍困难的情况，则可将此部分柱箍做成两个相同的两端带135°弯钩的L形箍筋从柱子侧向插入，钩入四角柱筋，或采用两相同的开口半箍，套入后用电焊焊牢箍筋的接头。

（三）同一连接区段内接头过多

在绑扎或安装钢筋骨架时发现同一连接区段内（对于绑扎接头，在任一接头中心至规定搭接长度的 1.3 倍区段内，所存在的接头都认为是没有错开，即位于同一连接区段内）受力钢筋接头过多，有接头的钢筋截面面积占总截面面积的百分率超出规范规定的数值。

1. 原因分析

（1）钢筋配料时疏忽大意，没有认真安排原材料下料长度的合理搭配。

（2）忽略了某些构件不允许采用绑扎接头的规定。

（3）错误取用有接头的钢筋截面面积占总截面面积的百分率数值。

（4）分不清钢筋位于受拉区还是受压区。

2. 防治措施

（1）配料时按下料单钢筋编号再划出几个分号，注明哪个分号搭配，对于同一组搭配而安装方法不同的（同一组搭配两个分号是一顺一倒安装的）要加文字说明。

（2）轴心受拉的小偏心受拉杆件中的受力钢筋接头均应焊接，不得采用绑扎。

（3）若分不清钢筋所处部位是受拉区或受压区时，接头位置均按受拉区的规定处理。

（四）梁箍筋弯钩与纵筋相碰

梁箍筋弯钩与纵筋相碰通常是在梁的支座处，箍筋弯钩与纵向钢筋抵触。

1. 原因分析

梁箍筋弯钩应放在受压区，从受力角度看，是合理的，而且从构造角度看也合理。但在特殊情况下，如连系梁支座处，受压区在截面下部，若箍筋弯位于下面，有可能被钢筋压开，在这种情况下，只好将箍筋弯钩放在受拉区。这样的做法不合理，但为了加强钢筋骨架的牢固程度，施工时也只能如此。另外，实践中会出现另一种矛盾：在目前的高层建筑中，采用框架或框剪结构形式的工程中，大多数是需要抗震设计的，因此箍筋弯钩应采用135°，而且平直部分长度应较其他种类型的弯钩长，故箍筋弯钩与梁上部两排钢筋必然相抵触。

2. 防治措施

绑扎钢筋前应先规划箍筋弯钩位置（放在梁的上部或下部）。如果梁上部仅有一层钢筋，箍筋弯钩均与纵向钢筋不抵触，为了避免箍筋接头被压开口，弯钩可放在梁上部（构件受拉区）但应特别绑牢，必要时用电焊。对于两层或多层纵向钢筋的，则应将弯钩放在梁下部。

（五）四肢箍筋宽度不准

配有四肢箍筋作为复合箍筋的梁的钢筋骨架，绑扎好安装入模时，发现宽度不合适模板要求，混凝土保护层过大或过小，严重的导致骨架无法放入模内。

1. 原因分析

（1）在骨架绑扎前未按应有的规定将箍筋总宽度进行定位或定位不准。

（2）已考虑到将箍筋总宽度定位，但在操作时不注意，使两个箍筋往里或往外串动。

2. 防治措施

（1）绑扎骨架时，先绑扎几对箍筋，使四肢箍筋宽度保持符合图纸要求尺寸，再穿纵向钢筋并绑扎其他箍筋。

（2）按梁的截面宽度确定一种双肢箍筋（截面宽度减去两混凝土保护层厚度），绑扎时沿骨架长度放几个这种箍筋定位。

（3）在骨架绑扎过程中，要随时检查四肢箍宽度的准确性，发现偏差及时纠正。

第四节　高层建筑混凝土浇筑

一、泵送混凝土质量控制与组织

高层泵送混凝土浇筑的要求：一是在保证混凝土质量的情况下，确保混凝土的工作性；二是泵送设备的性能（包括泵机、泵管、布料机等）；三是混凝土泵送的组织。

（一）混凝土的工作性能

混凝土浇筑时的工作性能主要包括和易性、流动性和保水性，目前普遍采用的评价指标为坍落度。

因高层建筑的竖向结构（墙、柱等）钢筋较密，为保证混凝土能在振捣下充满模板，故泵送混凝土出口处的坍落度不宜小于 150 mm，且具有良好的和易性和保水性。和易性主要通过目测，目测浆体应将石子包裹，石子不露出、不散开；若混凝土喷出一半就散开，说明和易性不好。若喷到地面时砂浆飞溅严重，说明坍落度太大。

由于混凝土在运输过程中及泵管内输送时，坍落度会有一定的损失，故混凝土完成预拌运出搅拌站时、混凝土入泵时的坍落度应适当大于泵管出口处的坍落度。具体大小要根据具体情况而定，如搅拌站与工地的距离、施工时的温度和湿度、工地现场管道的布置方式（管道长度、泵送高度、转弯的个数等）。坍落度损失较大时，应适当加大入泵的坍落度。

（二）混凝土的输送控制

为保证混凝土能顺利泵送，一般在商品混凝土搅拌站生产混凝土，然后用混凝土搅拌运输车进行运送至施工工地进行浇筑。应结合施工工地与混凝土搅拌站的距离、运输时间、泵机的泵送速度等合理安排混凝土的生产速度、运输车辆的数量等。搅拌站应与工地保持密切联系，保证混凝土浇筑的连续进行，做到"不掉车、不压车"。

混凝土输送时应控制混凝土运至浇筑地点后，不离析、不分层、组成成分不发生变化，并能保证施工所必需的和易性。运送混凝土的容器和管道，应不吸水、不漏浆，并保证卸料及输送通畅。容器和管道在冬、夏期都要有保温或隔热措施。

1. 输送时间

混凝土应以最少的转载次数和最短的时间，从搅拌地点运至浇筑地点。

混凝土从搅拌机中卸出后到浇筑完毕的延续时间应符合表 6-2 的要求。

表 6-2　混凝土从搅拌机中卸出到浇筑完毕的延续时间

气温/℃	延续时间/min			
	采用搅拌车		其他运输设备	
	≤C30	>C30	≤C30	>C30
≤25	120	90	90	75
>25	90	60	60	45

注：掺有外加剂或采用快硬水泥时延续时间应通过试验确定。

2. 输送道路

场内输送道路应牢固和尽量平坦，以减少运输时的振荡，避免造成混凝土分层离析。同时应考虑布置环形回路，施工高峰时宜设专人管理指挥，以免车辆互相拥挤阻塞。

3. 季节施工

在风雨或暴热天气输送混凝土，容器上应加遮盖，以防进水或水分蒸发。冬期施工应加以保温。夏季最高气温超过 40℃ 时，应有隔热措施。混凝土拌和物运至浇筑地点时的温度，最高不宜超过 35℃，最低不宜低于 5℃。

(三) 混凝土的质量控制

1. 混凝土运送至浇筑地点，如混凝土拌和物出现离析或分层现象，应对混凝土拌和物进行二次搅拌。

2. 混凝土运至浇筑地点时，应检测其和易性，所测稠度值应符合设计和施工要求。其允许偏差值应符合有关标准的规定。

3. 泵送混凝土的交货检验，应在交货地点，按国家现行《预拌混凝土》（GB/T 14902—2019）的有关规定进行交货检验；泵送混凝土的坍落度，可按国家现行标准《混凝土泵送施工技术规程》的规定选用。

4. 混凝土搅拌运输车给混凝土泵喂料时，应符合下列要求：

（1）喂料前，应用中、高速旋转拌筒，使混凝土拌和均匀，避免出料的混凝土的分层离析。

（2）喂料时，反转卸料应配合泵送均匀进行，且应使混凝土保持在骨料斗内高度标志线以上。

（3）暂时中断泵送作业时，应使拌筒低转速搅拌混凝土。

（4）混凝土泵进料斗上，应安置网筛并设专人监视喂料，以防粒径过大的集料或异物进入混凝土泵造成堵塞。

使用混凝土泵输送混凝土时，严禁将质量不符合泵送要求的混凝土入泵。混凝土搅拌运输车喂料完毕后，应及时清洗拌筒并排尽积水。

（四）混凝土的泵送

1. 泵机选择

混凝土泵机可分为车载式和固定式。因车载式泵机所配置的移动布料杆长度最多约为 40 m，故高层建筑混凝土浇筑都采用固定式泵机。

混凝土泵按构造原理可分为挤压式和柱塞式两种。高层建筑混凝土泵送一般采用柱塞式混凝土泵机。该型泵机的优点是工作压力大，排量大，输送距离长。泵机的压力一般可达 5 MPa，水平输送距离达 600 m，垂直输送距离为 150 m，高压泵的压力可达 19 MPa，垂直输送距离达 250 m。混凝土缸筒的使用寿命可达 50 000 m^3。

2. 管道的选择和布置

混凝土输送管是由无缝钢管制成的。高层建筑泵送混凝土一般采用 6~8 mm 厚壁管。管径常用 100 mm、125 mm、150 mm 3 种，常用的管长有 0.5 m、1.0 m、3.0 m 等。除钢管外，还有出口处用的软管，以利于混凝土浇筑和布料。泵机和管道的布置应按施工组织方案进行，一般须注意以下几点：

（1）泵机的布置位置应选择在基础稳固、周边开阔有利于混凝土运输车开行和停靠的地方。泵管也应置于稳固的钢管支架上，有需要的地方还应加垫枕木以减少震动。

（2）垂直管的位置，应选择与泵机较短的直线水平距离，该距离不宜小于泵送高度的 1/4 且一般不小于 20 m。建筑结构上为垂直管留设的孔洞应选取在结构受力较小的板上，有必要的还须在洞口周边采取结构加强措施。

（3）弯管与垂直管应与建筑结构每 3 m 紧固连接，不得有颤动或晃动，否则影响泵送效果。

（4）泵管的管径变化，一般宜从 150 mm→125 mm→100 mm 逐步过渡，采用变径管相连，变径管的过渡长度分别不宜小于 500 mm 和 1500 mm。

（5）逆流阀宜装在离泵机出口 5 m 左右的水平管道上。

3. 混凝土布料杆

混凝土布料杆是混凝土输送至浇筑面时，为方便摊铺混凝土并浇灌入模的一种专用设备，按构造可分为移置式布料杆、固定式布料杆和泵车附装布料杆等。

（1）移置式布料杆被广泛用于高层建筑的混凝土浇筑施工。该种布料杆可置于混凝土浇筑工作楼层上，它由两节臂架输送管、转动支座、平衡臂、平衡重、底架及支腿组成。它具有构造简单、人力操纵、使用方便和造价低等优点。由于移置式布料杆质量小、结构简单，可用塔式起重机移至不同的施工部位，非常适合于多栋高层建筑流水作业的需要。

（2）固定式布料杆可装设在建筑物内部电梯井处或安装于建筑物的外围，随施工进度逐层向上爬升，可用于安装了整体提升式脚手架的高层建筑。

（3）泵车附装布料杆垂直输送高度一般不超过 30 m，仅用于基础及 30 m 以下的建筑结构混凝土施工。

（五）高层建筑泵送混凝土的组织

在浇筑混凝土前，必须完成之前各项工序（钢筋、模板等）的检查，避免出现混凝土到场后迟迟不能开始浇筑的情况。

泵送前，应检查泵机、泵管的连接状况，保证泵机、泵管的安装稳固牢靠。布料机的安装位置下方应采取加强支撑措施，防止混凝土浇筑时动荷载过大影响模板支撑体系的稳定。泵管端头处应连接软管，软管前不得再接钢管，以防止软管压力过大而爆管。泵送前，应先接通电源，用水润滑泵机和输送管道，同时检查泵机是否工作正常，泵机、泵管及连接位置是否有密封不严、漏水的情况，一且发现必须立即更换破损泵管、胶圈等，防止在泵送混凝土时发生意外。之后，用水泥浆或水泥砂浆润滑泵机和输送管道以减少泵送阻力，润管用的水泥浆或水泥砂浆应均匀摊开在墙、柱根部，不得集中在一处入模。

泵机料斗上要装一个隔离大石块的钢筋网，且派专人看守，发现大块应立即拣出，防止堵管。泵送时，泵机操作员应与工作面的浇筑人员通过对讲机保持通话，随时根据情况调整泵送或停机状态，防止出现意外。泵送须连续进行，如不能连续供料时，可降低泵送速度，料斗中要有足够的混凝土，以防吸入空气造成阻塞。如须长时间停泵，应每隔 2~3 min 使泵启动，进行数次正泵、反泵的动作，同时开动料斗中的搅拌器，使之运转一会儿，以防混凝土凝固离析。

如出现堵泵现象，可采取反泵的方法，将管道内的混凝土抽回料斗，适当搅拌，必要时加少量水泥浆拌和，再重新泵送。如反复几次无效，则应找到管道堵塞的位置，拆卸清除后出料。

泵送结束后，及时清洗泵和管道。如主体结构未封顶，其后将继续进行混凝土泵送，则可不拆除垂直泵管，仅将水平管拆除即可。

通过上述技术要求和施工组织，基本能满足 200 m 及以下高层建筑混凝土浇筑的需求。但对 200 m 以上的超高层建筑（如电视塔）的混凝土泵送技术，还须结合高压力泵机设备、轻质混凝土等方案予以解决。

二、高层建筑混凝土的养护

（一）混凝土养护的原理

待建筑物墙体浇筑完混凝土之后的一段时间，需要保持适当的湿度与温度，从而确保混凝土能够良好的硬化。而为混凝土硬化创造这些条件所采取的措施就是混凝土养护技术。

混凝土养护的因素主要是养护的时间、湿度和温度。

混凝土在发生水化的反应过程中将会释放出大量的水化热，如果水化热在混凝土内部大量聚集，温度持续上升，与外界的温差越来越大，那么就会很容易导致混凝土晶体结构发生破坏，产生温度裂痕。

在混凝土的凝结期间，外界温度过于干燥，加之混凝土中的水分蒸发，就会影响水化作用，使得混凝土凝结的速度减慢，尤其是在天气干旱时，混凝土的毛孔水分就会迅速蒸发，使得水泥由于缺少水分不再继续膨胀，还会由于细管引力使其在混凝土中引起收缩。

假如这时的混凝土硬度还很低，就会造成混凝土由于拉应力的作用发生开裂。混凝土发生水化的反应时间会很长，掺入粉煤灰的混凝土反应的时间就会更长，混凝土的保温保湿工作关键是要坚持，合理的养护混凝土非常关键，这关系到混凝土的耐久性及其强度。

在进行高层建筑施工过程中，一定要注重提高工作人员的责任意识，根据实际的施工条件制定合理的混凝土养护措施。

（二）混凝土墙体养护的技术要点

1. 覆盖浇水养护

在气候环境的平均温度高于5℃时，选用合适的材料覆盖住混凝土的墙体表面，并浇一定量的水，使得混凝土在一定的时间里处于水泥水化作用所需的合适湿度与温度。

但是覆盖浇水养护也要遵循以下几条规定：要在混凝土浇筑完12 h之后才可以进行覆盖浇水养护；对于加入矿物掺和料、缓凝型外加剂或是有抗渗性要求的混凝土其养护时间不可少于14 d，而对于加入矿渣硅酸盐水泥、普通硅酸盐水泥或者是硅酸盐水泥的混凝土，其浇水养护的时间不得少于7 d；浇水的量与次数应该根据实际混凝土所处的环境湿度来决定；混凝土养护所用的水应该和拌制水一样；如果环境温度低于5℃，则不必浇水，但是对于混凝土墙体养护可以采用蓄水养护。

2. 薄膜布养护

如果条件允许，可以选取不透水气的薄膜布对混凝土墙体进行养护，用薄膜布将敞露在外边的混凝土墙体覆盖起来，从而使得混凝土墙体在避免过多失水的条件下进行养护。这种方法比覆盖浇水养护的方法要方便一些，并且还节约水源，还能够增强混凝土早期的强度，不过应该确保薄膜布内部要有凝结水。

3. 薄膜养生液养护

如果混凝土墙体的表面不方便浇水，或者是塑料薄膜布的表面需要养护时，可以采取涂一层薄膜养生液，从而有效地避免混凝土的内部水分大量蒸发。

所谓涂刷薄膜养生液就是将溶液涂刷到混凝土墙体的表面上，待溶液挥发之后在混凝土的表面将会形成一层薄膜，就可以有效地将混凝土表面与空气隔绝开，避免混凝土当中水分的蒸发，使其更好地发生水化作用。同时，在水化期间一定要注意薄膜不被破坏。

（三）高层建筑混凝土墙体裂缝的控制

1. 合理控制表面温度

将混凝土的表面温度控制在合适的范围内，避免其温度发生骤变，能够很好地保障混凝土的水分，避免墙体发生裂缝。

合理控制表面温度的方法：在混凝土当中加入一定量的混合料，或者是使用干混凝土，加入塑化剂等方法降低在混凝土当中水泥的使用量。另外，在对混凝土进行搅拌的时候可以通过加入冷水降低其温度，特别注意气候温度比较高时应该减小混凝土涂抹的厚度，也可以采取在墙体当中插入水管，通过输入冷水起到降低温度的作用。

2. 合理使用外加剂

为了确保混凝土墙体的质量，避免其发生开裂，提高墙体混凝土的耐久性，合理正确地使用外加剂是避免墙体开裂的主要方法之一。例如可以采用减水防裂剂，它的主要作用包括以下方面：减水防裂剂能够很好地增强混凝土的抗拉强度，使得混凝土完全能够抵抗在收缩时由于受约束产生的拉应力，从而提高混凝土的抗裂性能；减水防裂剂能够有效地改善水泥浆的稠度，从而减少混凝土泌水，沉缩变形降低；水泥的用量也是影响混凝土收缩率的主要原因之一，假如适量的减水防裂剂能够使混凝土在确保一定强度的条件下减少大约50%的水泥用量，剩余体积可以通过增加集料来补充；水胶比也会影响到混凝土的收缩，加入减水防裂剂可以使得混凝土减少用水量。由于混凝土当中存在很大毛细孔道，如果水被蒸发，就会造成毛细管表面中产生张力，使得混凝土发生干缩变形。如果能够增大毛细孔径，就可以降低毛细管表面的张力，也会降低混凝土的强度。

第七章 装配式混凝土结构工程

第一节 装配式混凝土结构工程的施工前准备

一、技术准备

（一）深化设计图准备

装配式混凝土结构工程施工前，应由相关单位完成深化设计，并经原设计单位确认。

预制构件的深化设计图应包括但不限于下列内容：

1. 预制构件模板图、配筋图、预埋吊件及各种预埋件的细部构造图等。

2. 夹心保温外墙板，应绘制内外叶墙板拉结件布置图及保温板排板图。

3. 水、电线、管、盒预埋预设布置图。

4. 预制构件脱模、翻转过程中混凝土强度及预埋吊件的承载力的验算。

5. 对带饰面砖或饰面板的构件，应绘制排砖图或排板图。

（二）施工组织设计

工程项目明确后，应该认真编写专项施工组织设计，编写要突出装配式结构安装的特点，对施工组织及部署的科学性、施工工序的合理性、施工方法选用的技术性、经济性和实现的可能性进行科学的论证；能够达到科学合理地指导现场，组织调动人、机、料、具等资源完成装配式安装的总体要求；针对一些技术难点提出解决问题的方法。专项施工组织设计的基本内容应包括以下九项：

1. 编制依据。指导安装所必需的施工图（包括构件拆分图和构件布置图）和相关的国家标准、行业标准、部颁标准，省和地方标准及强制性条文与企业标准。

2. 工程概况。工程总体简介：工程名称、地址、建筑规模和施工范围；建设单位、设计、监理单位；质量和安全目标。

工程设计结构及建筑特点：结构安全等级、抗震等级、地质水文、地基与基础结构及消防、保温等要求。同时，要重点说明装配式结构的体系形式和工艺特点，对工程难点和关键部位要有清晰的预判。

工程环境特征：场地供水、供电、排水情况；详细说明与装配式结构紧密相关的气候条件——雨、雪、风特点；对构件运输影响大的道路桥梁情况。

3. 施工部署。合理划分流水施工段是保证装配式结构工程施工质量和进度及高效进行现场组织管理的前提条件。装配式混凝土结构工程一般以一个单元为一个施工段，从每栋建筑的中间单元开始流水施工。

4. 施工场地平面布置［详见"（三）施工现场平面布置"］。

5. 主要设备机具计划。

6. 构件安装工艺：测量放线、节点施工、防水施工、成品保护及修补措施。

7. 施工安全：吊装安全措施、专项施工安全措施及应急预案。

8. 质量管理：构件安装的专项施工质量管理。

9. 绿色施工与环境保护措施。

（三）施工现场平面布置

施工现场平面布置图是在拟建工程的建筑平面上（包括周围环境），布置为施工服务的各种临时建筑、临时设施及材料、施工机械、预制构件等，是施工方案在现场的空间体现。它反映已有建筑与拟建工程之间、临时建筑与临时设施间的相互空间关系。布置得恰当与否、执行得好坏，对现场的施工组织、文明施工，以及施工进度、工程成本、工程质量和安全都将产生直接的影响。根据现场不同施工阶段（期），施工现场总平面布置图可分为基础工程施工总平面图、装配式结构工程施工阶段总平面图、装饰装修阶段施工总平面布置图。现针对装配式建筑施工重点介绍装配式结构工程施工阶段现场总平面图的设计与管理工作。

1. 施工总平面图的设计内容

（1）装配式建筑项目施工用地范围内的地形状况。

（2）全部拟建（构）筑物和其他基础设施的位置。

（3）项目施工用地范围内的构件堆放区、运输构件车辆装卸点、运输设施。

（4）供电、供水、供热设施与线路、排水排污设施、临时施工道路。

（5）办公用房和生活用房。

（6）施工现场机械设备布置图。

（7）现场常规的建筑材料及周转工具。

（8）现场加工区域。

（9）必备的安全、消防、保卫和环保设施。

（10）相邻的地上、地下既有建（构）筑物及相关环境。

2. 施工总平面图的设计原则

（1）平面布置科学合理，减少施工场地的占用面积。

（2）合理规划预制构件堆放区域，减少二次搬运；构件堆放区域单独隔离设置，禁止无关人员进入。

（3）施工区域的划分和场地的临时占用应符合总体施工部署和施工流程的要求，减少相互干扰。

（4）充分利用既有建（构）筑物和既有设施为项目施工服务，降低临时设施的建造费用。

（5）临时设施应方便生产和生活，办公区、生活区、生产区宜分离设置。

（6）符合节能、环保、安全和消防等要求。

（7）遵守当地主管部门和建设单位关于施工现场安全文明施工的相关规定。

3. 施工总平面图的设计要点

（1）设置大门，引入场外道路。施工现场宜考虑设置两个以上大门。大门应考虑周边路网情况、道路转弯半径和坡度限制，大门的高度和宽度应满足大型运输构件车辆的通行要求。

（2）布置大型机械设备。布置塔式起重机时，应充分考虑其塔臂覆盖范围、塔式起重机端部吊装能力、单体预制构件的重量及预制构件的运输、堆放和构件装配施工。

（3）布置构件堆场。构件堆场应满足施工流水段的装配要求，且应满足大型运输构件车辆、汽车起重机的通行、装卸要求。为保证现场施工安全，构件堆场应设围挡，防止无关人员进入。

（4）布置运输构件车辆装卸点。装配式建筑施工构件采用大型运输车辆运输。车辆运输构件多、装卸时间长，因此，应该合理地布置运输构件车辆构件装卸点，以免因车辆长时间停留影响现场内道路的畅通，阻碍现场其他工序的正常作业施工。装卸点应在塔式起重机或者起重设备的塔臂覆盖范围之内，且不宜设置在道路上。

（四）图纸会审

建筑设计图纸是施工企业进行施工活动的主要依据，图纸会审是技术管理的一个重要方面，熟悉图纸、掌握图纸内容、明确工程特点和各项技术要求、理解设计意图，是确保工程质量和工程顺利进行的重要前提。

图纸会审是由设计、施工、监理单位及有关部门参加的图纸审查会，其目的有两个：一是使施工单位和各参建单位熟悉设计图纸，了解工程特点和设计意图，找出需要解决的技术难题，并制订解决方案；二是解决图纸中存在的问题，减少图纸的差错，使设计达到经济合理、符合实际，以利于施工顺利进行。图纸会审程序通常先由设计单位进行交底，内容包括：设计意图，生产工艺流程，建筑结构造型，采用的标准和构件，建筑材料的性能要求；对施工程序、方法的建议和要求及工程质量标准与特殊要求等。然后，由施工单位（包括建设、监理单位）提出图纸自审中发现的图纸中的技术差错和图面上的问题，如工程结构是否经济、合理、实用，对设计图中不合理的地方提出改进建议；各专业图纸各部分尺寸、标高是否一致，结构、设备、水电安装之间，各种管线安装之间有无矛盾，总图与大样之间有无矛盾等，设计单位均应一一明确交底和解答。会审时，要细致、认真地做好记录。会审时施工等单位提出的问题由设计解答，整理出"图纸会审记录"，由建设、设计和施工、监理单位共同会签，"记录"作为施工图纸的补充和依据。不能立刻解决的问题，会后由设计单位发设计修改图或设计变更通知单。

项目技术负责人组织各专业技术人员认真学习设计图纸，领会设计意图，做好图纸审查会前的图纸自审，一般采用先粗后精、先建筑后结构、先大后细、先主体后装修、先一般后特殊的方法。在自审图纸时，还应注意：一是图样与说明要结合看，要仔细看设计总说明和每张图纸中的细部说明，注意说明与图面是否一致，说明问题是否清楚、明确，说明中的要求是否切实可行；二是土建图与安装图要结合看，要对照土建和机、电、水等图纸，核对土建安装之间有无矛盾，预埋铁件、预留孔洞位置、尺寸和标高是否相符等，并提前将自审意见集中整理成书面汇总。

对于装配式结构的图纸会审应重点关注以下几个方面：

1. 装配式结构体系的选择和创新应该得到专家论证，深化设计图应该符合专家论证的结论。

2. 对于装配式结构与常规结构的转换层，其固定墙部分须与预制墙板灌浆套筒对接的预埋钢筋的长度和位置。

3. 墙板间边缘构件竖缝主筋的连接和箍筋的封闭，后浇混凝土部位粗糙面和键槽。

4. 预制墙板之间上部叠合梁对接节点部位的钢筋（包括锚固板）搭接是否存在矛盾。

5. 外挂墙板的外挂节点做法、板缝防水和封闭做法。

6. 水、电线管盒的预埋、预留，预制墙板内预埋管线与现浇楼板的预埋管线的衔接。

二、人员准备

（一）人员培训

根据装配式混凝土结构工程的管理和施工技术特点，对管理人员及作业人员进行专项培训，严禁未培训上岗及培训不合格者上岗。要建立完善的内部教育和考核制度，通过定期考核和劳动竞赛等形式提高职工素质。对于长期从事装配式混凝土结构施工的企业，应逐步建立专业化的施工队伍。

钢筋套筒灌浆作业是装配式结构的关键工序，是有别于常规建筑的新工艺。

因此，施工前，应对工人进行专门的灌浆作业技能培训，模拟现场灌浆施工作业流程，提高注浆工人的质量意识和业务技能，确保构件灌浆作业的施工质量。

（二）技术安全交底

技术交底的内容包括图纸交底、施工组织设计交底、设计变更交底、分项工程技术交底。技术交底采用三级制，即项目技术负责人→施工员→班组长。项目技术负责人向施工员进行交底，要求细致、齐全，并应结合具体操作部位、关键部位的质量要求、操作要点及安全注意事项等进行交底。施工员接受交底后，应反复、细致地向操作班组进行交底，除口头和文字交底外，必要时应进行图表、样板、示范操作等方法的交底。班组长在接受交底后，应组织工人进行认真讨论，保证其明确施工意图。

对于现场施工人员要坚持每日班前会制度，与此同时进行安全教育和安全交底，做到安全教育天天讲，安全意识念念不忘。

三、场内水平运输设备的选用与准备

（一）场内转场运输设备

场内转场运输设备应根据现场的具体实际道路情况合理选择，若场地大可以选择拖板运输车，若场地小可以采用拖拉机拉拖盘车。在塔机难以覆盖的情况下，可以采用随车起重机转运墙板。

（二）转运架

转运架一般采用双面斜放形式，这种形式机动灵活，还可作为临时存放架。还有就是可以垂直安放的货厢式转运架，这种转运架占用空间小、容量大。

（三）翻板机

对于长度大于生产线宽度，同时运输亦超高的竖向板，必须短边侧向翻板起模和运输，到现场则必须将板旋转90°实现竖向吊装。

四、装配式混凝土结构工程施工辅助设备的准备

(一)装配式结构脚手架

1. 高层住宅项目的施工必须搭设外脚手架,并且做严密的防护。而装配整体式高层建筑采用外挂三角防护脚手架,安全、实用地解决了施工要求。

2. 外挂三角防护脚手架安全注意事项如下:

(1)把好材料质量关,避免使用质量不合格的架设工具和材料,脚手架使用的钢管、卡扣、三脚架及穿墙螺栓等必须符合施工技术规定的要求;三角挂架之间用钢管扣件连接牢固,避免挂架转动,保证挂架的稳定性。

(2)严格按照施工方案规定的尺寸进行搭设,并确保节点连接达到要求;操作平台要铺满、铺平脚手板,并用12号钢丝绑牢,不得有探头板;要有可靠的安全防护措施,其中包括两道护身栏,作业层的外侧面应设密目安全网,安全网应用钢丝与脚手架绑扎牢固,架子外侧应设挡脚板,挡脚板高度应不低于18 cm;搭设完毕后和每次外防护架提升后应进行检查验收,检查合格后方可使用。

(3)外防护架允许的负荷最大不得超过2.22 kN/m,脚手架上严禁堆放物料,严禁将模板支设在脚手架上,人员不得集中停留。

(4)应严格避免以下违章作业:利用脚手架吊运重物,非架子工的其他作业人员攀登架子上下,推车在架子上跑动,在脚手架上拉结吊装缆绳,随意拆除脚手架部件和连墙杆件,起吊构件和器材时碰撞或扯动外防护架,提升时架子上站人。

(5)六级以上大风、大雾、大雨和大雪天气应暂停外防护架作业面施工。雨、雪过后上外防护架平台操作要采取防滑措施。

(6)经常检查穿墙拉杆、安全网、外架吊具是否损坏,松动时必须及时更换。

(二)建筑吊篮

1. 装配式建筑虽然由于使用"三明治",即夹心保温外墙板,取消了外墙外

保温、抹灰等大量的室外作业及外脚手和防护，但仍然存在板缝防水打胶、涂料等少量的高空作业。高空作业必不可少的就是建筑吊篮，但是选择合适且安全的建筑吊篮至关重要，其关系到高空作业者的人身安全问题。在选择建筑吊篮时，应根据吊篮所用工程的施工方案所确定的参数，选取具体的吊篮型号。选定型号时，应比较吊篮的主要机构，即升降（爬升）机构、安全锁、作业平台（吊篮本体）、悬挂机构、电气操纵系统和安全装置的优劣和可靠性。

2. 吊篮是一种悬空提升载人机具，在使用吊篮进行施工作业时必须严格遵守如下使用安全规则：

（1）吊篮操作人员必须经过培训，考核合格后取得有效证明方可上岗操作。吊篮必须由指定人员操作，严禁未经培训人员或未经主管人员同意擅自操作吊篮。

（2）作业人员作业时须佩戴安全帽和安全带，安全带上的自动锁扣应扣在单独牢固固定在建（构）筑物上的悬挂生命绳上。

（3）作业人员在酒后、过度疲劳、情绪异常时不得上岗作业。

（4）双机提升的吊篮必须有两名以上人员进行操作作业，严禁单人升空作业。

（5）作业人员不得穿硬底鞋、塑料底鞋、拖鞋或其他滑的鞋子进行作业，作业时严禁在悬吊平台内使用梯、搁板等攀高工具和在悬吊平台外另设吊具进行作业。

（6）作业人员必须在地面进出吊篮，不得在空中攀缘窗户进出吊篮，严禁在悬空状态下从一悬吊平台攀入另一悬吊平台。

（三）灌浆设备与用具

灌浆设备主要有用于搅拌注浆料的手持式电钻搅拌机，用于计量水和注浆料的电子秤和量杯，用于向墙体注浆的注浆器，用于湿润接触面的水枪。

灌浆用具主要有用于盛水、试验流动度的量杯，用于流动度试验用的坍落度筒和平板，用于盛水、注浆料的大小水桶，用于把木头塞打进注浆孔封堵的铁锤，以及小铁锹、剪刀、扫帚等。

第二节 预制混凝土竖向受力构件的现场施工

一、预制混凝土竖向受力构件的安装施工

(一) 墙板安装位置测量画线、铺设坐浆料

1. 墙板安装位置测量画线。安装施工前，应在预制构件和已完成的结构上测量放线，设置安装定位标志；对于装配式剪力墙结构测量、安装、定位主要包括以下内容：每层楼面轴线垂直控制点不应少于 4 个，楼层上的控制轴线应使用经纬仪由底层原始点直接向上引测；每个楼层应设置 1 个引程控制点；预制构件控制线应由轴线引出，每块预制构件应有纵、横控制线各 2 条；预制外墙板安装前应在墙板内侧弹出竖向与水平线，安装时应与楼层上该墙板控制线相对应。当采用饰面砖外装饰时，饰面砖竖向、横向砖缝应引测，贯通到外墙内侧来控制相邻板与板之间、层与层之间饰面砖砖缝对直；预制外墙板垂直度测量，4 个角留设的测点为预制外墙板转换控制点，用靠尺以此 4 点在内侧进行垂直度校核和测量；应在预制外墙板顶部设置水平标高点，在上层预制外墙板吊装时应先垫垫块或在构件上预埋标高控制调节件。

建筑物外墙垂直度的测量，宜选用投点法进行观测。在建筑物两个相对角上设置上下两个标志点作为观测点，上部观测点随着楼层的升高逐步提升，用经纬仪观测建筑物的垂直度并做好记录。观测时，应在底部观测点的位置安置水平读数尺等测量设施，在每个观测点安置经纬仪投影时应按正倒镜法测出每对观测点标志间的水平位移分量，按矢量相加法求得水平位移值和位移方向。

2. 测量过程中应该及时将所有柱、墙、门洞的位置在地面弹好墨线，并准备铺设坐浆料。将安装位洒水阴湿，地面上、墙板下放好垫块，垫块保证墙板底标高的正确，由于坐浆料通常在 1 h 内初凝，所以吊装必须连续作业，相邻墙板的调整工作必须在坐浆料初凝前进行。

3. 铺设坐浆料。坐浆时坐浆区域须运用等面积法计算出三角形区域面积。同时，坐浆料必须满足以下技术要求：

（1）坐浆料坍落度不宜过高，一般在市场购买 40~60 MPa 的灌浆料使用小型搅拌机（容积可容纳一包料即可）加适当的水搅拌而成，不宜调制过稀，必须保证坐浆完成后成中间高、两端低的形状。

（2）在坐浆料采购前需要与厂家约定浆料内粗集料的最大粒径为 4~5 mm，且坐浆料必须具有微膨胀性。

（3）坐浆料的强度等级应比相应的预制墙板混凝土的强度提高一个等级。

（4）为防止坐浆料填充到外叶板之间，在苯板处补充 50 mm×20 mm 的苯板堵塞缝隙。

4. 剪力墙底部接缝处坐浆强度应该满足设计要求。同时，以每层为一检验批；每工作班应制作一组且每层不少于 3 组边长为 70.7 mm 的立方体试件，标准养护 28 d 后进行抗压强度试验。

（二）墙板吊装、定位校正和临时固定

1. 墙板吊装

由于吊装作业需要连续进行，所以吊装前的准备工作非常重要。首先应将所有柱、墙、门洞的位置在地面弹好墨线，根据后置埋件布置图，采用后钻孔法安装预制构件定位卡具，并进行复核检查；同时，对起重设备进行安全检查，并在空载状态下对吊臂角度、负载能力、吊绳等进行检查，对最困难的部件进行空载实际演练（必须进行），将倒链、斜撑杆、螺钉、扳手、靠尺、开孔电钻等工具准备齐全，操作人员对操作工具进行清点。检查预制构件预留螺栓孔缺陷情况，在吊装前进行修复，保证螺栓孔丝扣完好；提前架好经纬仪、水准仪并调平。填写施工准备情况登记表，施工现场负责人检查核对签字后方可开始吊装。

预制构件在吊装过程中应保持稳定，不得偏斜、摇摆和扭转。吊装时，一定采用扁担式吊具吊装。

2. 墙板定位校正

墙板底部若局部套筒未对准时，可使用倒链将墙板手动微调，对孔。底部没

有灌浆套筒的外填充墙板直接顺着角码缓缓放下墙板。

垂直坐落在准确的位置后拉线复核水平是否有偏差，无误差后，利用预制墙板上的预埋螺栓和地面后置膨胀螺栓安装斜支撑杆，复测墙顶标高后，方可松开吊钩，利用斜撑杆调节好墙体的垂直度（在调节斜撑杆时必须两名工人同时、同方向，分别调节两根斜撑杆）；调节好墙体垂直度后，刮平底部坐浆。

安装施工应根据结构特点按合理顺序进行，须考虑到平面运输、结构体系转换、测量校正、精度调整及系统构成等因素，及时形成稳定的空间刚度单元。必要时应增加临时支撑结构或临时措施。单个混凝土构件的连接施工应一次性完成。

预制墙板等竖向构件安装后，应对安装位置、安装标高、垂直度、累计垂直度进行校核与调整；其校核与偏差调整原则可参照以下要求：预制外墙板侧面中线及板面垂直度的校核，应以中线为主进行调整；预制外墙板上下校正时，应以竖缝为主进行调整；墙板接缝应以满足外墙面平整为主，内墙面不平或翘曲时，可在内装饰或内保温层内调整；预制外墙板山墙阳角与相邻板的校正，以阳角为基准进行调整；预制外墙板拼缝平整的校核，应以楼地面水平线为准进行调整。

3. 墙板临时固定

安装阶段的结构稳定性对保证施工安全和安装精度非常重要构件在安装就位后，应采取临时措施进行固定。临时支撑结构或临时措施应能承受结构自重、施工荷载、风荷载、吊装产生的冲击荷载等作用，并不至于使结构产生永久变形。

装配式混凝土结构工程施工过程中，当预制构件或整个结构自身不能承受施工荷载时，需要通过设置临时支撑来保证施工定位、施工安全及工程质量。临时支撑包括水平构件下方的临时竖向支撑、在水平构件两端支撑构件上设置的临时牛腿、竖向构件的临时支撑等。

对于预制墙板，临时斜撑一般安放在其背后，且一般不少于两道；对于宽度比较小的墙板，也可仅设置一道斜撑。当墙板底部没有水平约束时，墙板的每道临时支撑包括上部斜撑和下部支撑，下部支撑可做成水平支撑或斜向支撑。对于预制柱，由于其底部纵向钢筋可以起到水平约束的作用，故一般仅设置上部支撑。柱的斜撑也最少要设置两道，且应设置在两个相邻的侧面上，水平投影相互垂直。

临时斜撑与预制构件一般做成铰接，并通过预埋件进行连接。考虑到临时斜撑主要承受的是水平荷载，为充分发挥其作用，对上部的斜撑，其支撑点距离板底的距离不宜小于板高的 2/3，且不应小于高度的 1/2。

调整复核墙体的水平位置和标高、垂直度及相邻墙体的平整度后，填写预制构件安装验收表，施工现场负责人及甲方代表（或监理）签字后进入下道工序，依次逐块吊装直至本层外墙板全部吊装就位。

预制墙板斜支撑和限位装置应在连接节点和连接接缝部位后浇混凝土或灌浆料强度达到设计要求后拆除；当设计无具体要求时，后浇混凝土或灌浆料应达到设计强度的 75% 以上方可拆除；预制柱斜支撑应在预制柱与连接节点部位后浇混凝土或灌浆料强度达到设计要求，且上部构件吊装完成后进行拆除。拆除的模板和支撑应分散堆放并及时清运，应采取措施避免施工集中堆载。

（三）钢筋套筒灌浆施工

1. 钢筋套筒灌浆施工规定

（1）钢筋套筒灌浆的灌浆施工是装配式混凝土结构工程的关键环节之一。在实际工程中，连接的质量很大程度取决于施工过程控制，因此，要对作业人员进行专业培训考核；套筒灌浆及浆锚搭接连接施工尚须符合有关技术规程和认证配套产品使用说明书的要求；另外，灌浆料性能受环境温度影响明显，应充分考虑作业环境对材料性能的影响，采用切实可行的灌浆作业工艺，保证灌浆质量。

（2）保证套筒灌浆连接接头的质量必须满足以下要求：必须采用经过认证的配套产品，该产品应具有良好的施工工艺适应性，此处配套要求是指工艺检验的灌浆料要和形式检验，以及施工现场采用的材料一致，工艺检验的套筒要和形式检验，以及构件生产厂使用的套筒一致；严格执行专项质量保证措施和体系规定，明确责任主体；施工人员必须是经过培训合格的专业作业人员，严格执行技术操作要求；施工管理人员应进行全程施工质量检查记录，能提供可追溯的全过程的检查记录和影像资料；施工验收后，如对套筒灌浆连接接头质量有疑问，可委托第三方独立检测机构进行检测。

（3）墙板安装前，应核查形式检验报告和墙板构件生产前灌浆套筒接头工艺检验报告。同时按不超过 1000 个灌浆套筒为一批，每批随机抽取 3 个灌浆套筒制作对中连接接头试件标养 28 d，并进行抗拉强度检验。此项为强制性条文，不可复检。

（4）灌浆料进场时，应对其拌和物 30 min 流动度、泌水率及 1 d 强度、28 d 强度、3 h 膨胀率进行检验，检验结果应符合建筑工业行业标准《钢筋连接用套筒灌浆料》的有关规定。检查数量：同一成分、同一工艺、同一批号的灌浆料，检验批量不应大于 50 t，每批按现行建筑工业行业标准《钢筋连接用套筒灌浆料》的有关规定随机抽取灌浆料制作试件。检验方法：检查质量证明文件和抽样检验报告。

2. 钢筋套筒灌浆施工工艺

（1）灌浆前，应制定灌浆操作的专项质量保证措施。

（2）湿润注浆孔，注浆前应用水将注浆孔进行润湿。

（3）搅拌灌浆料。灌浆料与水拌和，以重量计，加水量与干料量为标准配合比，拌和用水必须经称量后加入（注：拌和用水采用饮用水，水温控制在 20℃ 以下，尽可能现取现用）。为使灌浆料的拌和比例准确并且在现场施工时能够便捷地进行灌浆操作，现场使用量筒作为计量容器，根据灌浆料使用说明书加入拌和用水。先在搅拌桶内加入定量的水，搅拌机、搅拌桶就位后，将灌浆料倒入搅浆桶内加水搅拌，加水至约 80% 的水量搅拌 3~4 min 后，再加所剩约 20% 的水，搅拌均匀后静置稍许，排气，然后进行灌浆作业。灌浆料通常可为 5~40℃ 使用。为避开夏季一天内温度过高时间、冬季一天内温度过低时间，保证灌浆料现场操作时所需的流动性，延长灌浆的有效操作时间，灌浆料初凝时间约为 15 min，夏季灌浆操作时，要求灌浆班组在上午 10 点之前、下午 3 点之后进行，并且保证灌浆料及灌浆器具不受太阳光直射。在灌浆操作前，可将与灌浆料接触的构件洒水降温，改善由构件表面温度过高、构件过于干燥产生的问题，并保证在最快时间完成灌浆；冬期该灌浆料操作要求室外温度高于 5℃ 时才可进行灌浆操作。搅拌时间从开始投料到搅拌结束应不少于 3 min，应按产品使用要求计量灌浆料和水的用量并搅拌均匀，搅拌时叶片不得提至浆料液面之上，以免带入空气；拌置时需要按照灌浆料使用说明的要求进行严格控制水料比、拌置时间，搅拌完成后应静置 3~5 min，待气泡排除后方可进行施工。灌浆料拌和物应在制备后 0.5 h 内用完，灌浆料拌和物的流动度应满足现行国家相关标准和设计要求。

（4）灌浆及封堵。在预制墙板校正后、预制墙板两侧现浇部分合模前进行灌浆操作。采用专用的灌浆机进行灌浆，该灌浆机使用一定的压力，由墙体下部中间的灌浆孔进行灌浆，灌浆料先流向墙体下部 20 mm 找平层，当找平层灌浆注满后，灌浆料由上部排气孔有浆料溢出时，立即用木塞子进行封堵。该墙体所有孔洞均溢出浆料后，视为该面墙体灌浆完成。灌浆施工时环境温度应在 5℃ 以上，必要时，应对连接处采取保温加热措施，保证浆料在 48 h 凝结硬化过程中连接部位的温度不低于 10℃。灌浆完毕后立即清洗搅拌机、搅拌桶、灌浆筒等器具，以免灌浆料凝固、清理困难，注意灌浆筒每灌注完成一筒后须清洗一次，清洗完毕后方可再次使用。所以，在每个班组灌浆操作时必须至少准备 3 把灌浆筒，其中一把备用。灌浆作业完成后 12 h 内，构件和灌浆连接接头不应受到振动或冲击作用。

（5）灌浆作业应及时形成施工质量检查记录表和影像资料。施工现场灌浆施工中，灌浆料的 28 d 抗压强度应符合设计要求及现行标准《钢筋连接用套筒灌浆料》的规定，用于检验强度的试件应在灌浆地点制作。每工作班取样不得少于 1 次，每楼层取样不得少于 3 次；每次抽取 1 组试件每组 3 个试块，试块规格为 40 mm×40 mm×160 mm，标准养护 28 d 后进行抗压强度试验。

二、装配式混凝土结构后浇混凝土的施工

（一）装配式混凝土结构后浇混凝土的钢筋工程

1. 钢筋连接。装配式混凝土结构的钢筋连接如果采用钢筋焊接连接，接头应符合现行行业标准《钢筋焊接及验收规程》（JGJ 18—2023）的有关规定；如果采用钢筋机械连接接头应符合现行行业标准《钢筋机械连接技术规程》（JGJ 107—2023）的有关规定，机械连接接头部位的混凝土保护层厚度宜符合现行国家标准《混凝土结构设计规范》中受力钢筋的混凝土保护层最小厚度的规定，且

不得小于 15 mm，接头之间的横向净距不宜小于 25 mm；当钢筋采用弯钩或机械锚固措施时，钢筋锚固端的锚固长度应符合现行国家标准《混凝土结构设计规范》的有关规定；采用钢筋锚固板时，应符合现行行业标准《钢筋锚固板应用技术规程》（JGJ 256—2011）的有关规定。

2. 钢筋定位。装配式混凝土结构后浇混凝土内的连接钢筋应埋设准确，连接与锚固方式应符合设计和现行有关技术标准的规定。

构件连接处钢筋位置应符合设计要求。当设计无具体要求时，应保证主要受力构件和构件中主要受力方向的钢筋位置，并应符合下列规定：框架节点处，梁纵向受力钢筋宜置于柱纵向钢筋内侧；当主、次梁底部标高相同时，次梁下部钢筋应放在主梁下部钢筋之上；剪力墙中水平分布钢筋宜置于竖向钢筋外侧，并在墙端弯折锚固。

钢筋套筒灌浆连接接头的预留钢筋应采用专用模具进行定位，并应符合下列规定：定位钢筋中心位置存在细微偏差时，宜采用钢套管方式进行细微调整；定位钢筋中心位置存在严重偏差影响预制构件安装时，应按设计单位确认的技术方案处理；应采用可靠的绑扎固定措施对连接钢筋的外露部分的长度进行控制。

预制构件的外露钢筋应防止弯曲变形，并在预制构件吊装完成后，对其位置进行校核与调整。

3. 预制墙板连接部位宜先校正水平连接钢筋，后安装箍筋套，待墙体竖向钢筋连接完成后绑扎箍筋，连接部位加密区的箍筋宜采用封闭箍筋；预制梁柱节点区的钢筋安装时，节点区柱箍筋应预先安装于预制柱钢筋上，随预制柱一同安装就位；预制叠合梁采用封闭箍筋时，预制梁上部纵筋应预先穿入箍筋内临时固定，并随预制梁一同安装就位。预制叠合梁采用开口箍筋时，预制梁上部纵筋可在现场安装。

（二）预制墙板间边缘构件竖缝后浇混凝土带内的模板安装

墙板间后浇混凝土带连接宜采用工具式定型模板支撑，并应符合下列规定：定型模板应通过螺栓（预置内螺母）或预留孔洞拉结的方式与预制构件可靠连接，定型模板安装应避免遮挡预墙板下部灌浆预留孔洞，夹心墙板的外叶板应采用螺栓拉结或夹板等加强固定，墙板接缝部位及与定型模板连接处均应采取可靠的密封、防漏浆措施。

采用预制保温作为免拆除外墙模板（PCF）进行支模时，预制外墙模板的尺寸参数及与相邻外墙板之间拼缝宽度应符合设计要求。安装时，与内侧模板或相邻构件应连接牢固并采取可靠的密封、防漏浆措施。

（三）装配式混凝土结构后浇混凝土带的浇筑

1. 对于装配式混凝土结构的墙板间边缘构件竖缝后浇混凝土带的浇筑，应该与水平构件的混凝土叠合层及按设计非预制而必须现浇的结构（如作为核心筒的电梯井、楼梯间）同步进行，一般选择一个单元作为一个施工段，先竖向、后水平的顺序浇筑施工。这样的施工安排就用后浇混凝土将竖向和水平预制构件结构成了一个整体。

2. 后浇混凝土浇筑前，应进行所有隐蔽项目的现场检查与验收。

3. 浇筑混凝土过程中应按规定见证取样留置混凝土试件。同一配合比的混凝土每工作班且建筑面积不超过 1000 m² 应制作一组标准养护试件，同一楼层应制作不少于 3 组标准养护试件。

4. 混凝土应采用预拌混凝土，预拌混凝土应符合现行相关标准的规定；装配式混凝土结构施工中的结合部位或接缝处混凝土的工作性应符合设计施工规定；当采用自密实混凝土时，应符合现行相关标准的规定。

5. 预制构件连接节点和连接接缝部位后浇混凝土施工应符合下列规定：浇筑前，应清洁结合部位，并洒水润湿；连接接缝混凝土应连续浇筑，竖向连接接缝可逐层浇筑，混凝土分层浇筑高度应符合现行规范要求；浇筑时，应采取保证混凝土浇筑密实的措施；同一连接接缝的混凝土应连续浇筑，并应在底层混凝土初凝之前将上一层混凝土浇筑完毕；预制构件连接节点和连接接缝部位的混凝土应加密振捣点，并适当延长振捣时间。预制构件连接处混凝土浇筑和振捣时，应对模板和支架进行观察及维护，发生异常情况应及时进行处理；构件接缝处混凝土浇筑和振捣时，应采取措施防止模板、相连接构件、钢筋、预埋件及其定位件的移位。

6. 混凝土浇筑完毕后，应按施工技术方案要求及时采取有效的养护措施，并应符合下列规定：应在浇筑完毕后的 12 h 以内对混凝土加以覆盖并养护；浇水次数应能保持混凝土处于湿润状态；采用塑料薄膜覆盖养护的混凝土，其敞露的全部表面应覆盖严密，并应保持塑料薄膜内有凝结水；后浇混凝土的养护时间不应少于 14 d。

喷涂混凝土养护剂是混凝土养护的一种新工艺，混凝土养护剂是高分子材料，喷洒在混凝土表面后固化，形成一层致密的薄膜，使混凝土表面与空气隔绝，大幅度降低水分从混凝土表面蒸发的损失。同时，可与混凝土浅层游离氢氧化钙作用，在渗透层内形成致密、坚硬表层，从而利用混凝土中自身的水分最大限度地完成水化作用，达到混凝土自养的目的。用养护剂的目的是保护混凝土，因为在混凝土硬化过程表面失水，混凝土会产生收缩，导致裂缝，称作塑性收缩裂缝；在混凝土终凝前，无法洒水养护，使用养护剂就是较好的选择。对于整体装配式混凝土结构竖向构件接缝处的后浇混凝土带，洒水保湿比较困难，采用养护剂保护应该是可行的选择。

第三节 装配式混凝土结构的质量控制与验收

一、装配式混凝土结构质量基础

（一）工程质量的概念和特性

建设工程质量简称工程质量，是指建设工程满足相关标准规定和合同约定要求的程度，包括其在安全、使用功能及其在耐久性能、节能与环境保护等方面所有明示和隐含的固有特性。

建设工程作为一种特殊的产品，除具有一般产品共有的质量特性外，还具有特定的内涵。建设工程质量的特性主要表现在以下七个方面：

1. 适用性，即功能，是指工程满足使用目的的各种性能，包括物理化学性能、结构性能、使用性能、外观性能等。

2. 耐久性，即寿命，是指工程在规定的条件下，满足规定功能要求使用的年限，也就是竣工后的合理使用寿命。

3. 安全性，是指工程建成后在使用过程中保证结构安全、保证人身和环境免受危害的程度。

4. 可靠性，是指工程在规定的时间和规定的条件下完成规定功能的能力。工程不仅要求在交工验收时要达到规定的指标，而且在一定的使用时期内要保持应有的正常功能。

5. 经济性，是指工程从规划、勘察、设计、施工到整个产品使用寿命周期内的成本和消耗的费用。工程经济性具体表现为设计成本、施工成本、使用成本三者之和。包括从征地、拆迁、勘察、设计、采购（材料、设备）、施工、配套设施等建设全过程的总投资和工程使用阶段的能耗、水耗、维护、保养乃至改建更新的使用维修费用。通过分析比较，判断工程是否符合经济性要求。

6. 节能性，是指工程在设计与建造过程及使用过程中满足节能减排、降低能耗的标准和有关要求的程度。

7. 与环境的协调性，是指工程与其周围生态环境协调，与所在地区经济环境协调及与周围已建工程相协调，以适应可持续发展的要求。

上述七个方面的质量特性彼此之间是相互依存的。总体而言，适用、耐久、安全、可靠、经济、节能与环境适应性，都是建设工程必须达到的基本要求，缺一不可。装配式混凝土结构工程除满足上述七个方面的质量特性外，在经济性、节能性及与环境的协调性方面更加突出。

（二）工程质量的形成过程及组成

从项目阶段性看，工程项目建设可以分解为不同阶段，不同的建设阶段对工程项目质量的形成起着不同的作用和影响。

1. 项目可行性研究阶段

项目可行性研究是在项目建议书和项目策划的基础上，运用经济学原理对投资项目的有关技术、经济、社会、环境及所有方面进行调查研究，对各种可能的拟建方案和建成投产后的经济效益、社会效益和环境效益进行技术经济分析、预测和论证，确定项目建设的可行性，并在可行的情况下，通过多方案比较从中选择出最佳建设方案，作为项目决策和设计的依据。在此过程中，需要确定工程项目的质量要求，并与投资目标相协调。因此，项目的可行性研究直接影响项目的决策质量和设计质量。

2. 项目决策阶段

项目决策阶段是通过项目可行性研究和项目评估，对项目的建设方案做出决策，使项目的建设充分反映业主的意愿，并与地区环境相适应，使得投资、质量、进度三者协调统一。因此，项目决策阶段对工程质量的影响主要是确定工程项目应达到的质量目标和水平。

3. 工程勘察、设计阶段

工程的地质勘察是为建设场地的选择和工程的设计与施工提供地质资料依据。而工程设计是根据建设项目总体需求（包括已确定的质量目标和水平）和地质勘察报告，对工程的外形和内在的实体进行筹划、研究、构思、设计和描绘，形成设计说明书和图纸等相关文件，使得质量目标和水平具体化，为施工提供直接依据。

工程设计质量是决定工程质量的关键环节。工程采用什么样的平面布置和空间形式，选用什么样的结构类型，使用什么样的材料、构配件及设备等，都直接关系到工程主体结构的安全、可靠，关系到建设投资的综合功能是否充分体现规划意图。在一定程度上，设计的完美性也反映了一个国家的科技水平和文化水平。设计的严密性、合理性也决定了工程建设的成败，是建设工程的安全、适用、经济与环境保护等措施得以实现的保证。

4. 工程施工阶段

工程施工是指按照设计图纸和相关文件的要求，在建设场地上将设计意图付诸实现的测量、作业、检验，形成工程实体建成最终产品的活动。任何优秀的设计成果，只有通过施工才能变为现实。因此，工程施工活动决定了设计意图能否体现，直接关系到工程的安全可靠、使用功能的保证，以及外表观感能否体现建筑设计的艺术水平。在一定程度上，工程施工是形成实体质量的决定性环节。

5. 工程竣工验收阶段

工程竣工验收就是对工程施工质量通过检查评定、试车运转，考核施工质量是否达到设计要求；是否符合决策阶段确定的质量目标和水平，并通过验收确保工程项目质量。所以，工程竣工验收对质量的影响是保证最终产品的质量。

因此，工程项目质量可以理解为各阶段的工作质量和工程实体质量，其中工作质量主要体现在项目参建各方在各阶段和各专业的管理服务活动中；实体质量是工程质量的最终体现。工程实体质量主要在工程项目施工阶段形成，施工阶段可以分解为一系列的工序活动，即工程实体质量由工序质量、分项工程质量、分部工程质量、单位工程质量等组成。

（三）装配式混凝土结构工程质量控制的内容及特点

工程质量控制是控制好各建设阶段的工作质量，以及施工阶段各工序质量，从而确保工程实体能满足相关标准规定和合同约定要求。装配式混凝土结构工程的质量控制需要对项目前期（可行性研究、决策阶段）、设计、施工及验收各个阶段的质量进行控制。另外，由于其组成主体结构的主要构件在工厂内生产，还需要做好构件生产的质量控制。

与传统的现浇结构工程相比，装配式混凝土结构工程在质量控制方面具有以下特点：

1. 质量管理工作前置

对于建设、监理和施工单位而言，由于装配式结构的主要结构构件在工厂内加工制作，装配式混凝土结构的质量管理工作从工程现场前置到了构件预制厂。监理单位需要根据建设单位要求，对预制构件生产质量进行驻厂监造，对原材料进厂抽样检验、预制构件生产、隐蔽工程质量验收和出厂质量验收等关键环节进行监理。

2. 设计更加精细化

对于设计单位而言，为降低工程造价，预制构件的规格、型号需要尽可能少，由于采用工厂预制、现场拼装及水电等管线提前预埋，对施工图的精细化要求更高，因此，相对于传统的现浇结构工程，设计质量对装配式混凝土结构工程的整体质量影响更大，设计人员需要进行更精细的设计，才能保证生产和安装的准确性。

3. 工程质量更易于保证

由于采用精细化设计、工厂化生产和现场机械拼装，构件的观感、尺寸偏差都比现浇结构更易于控制，强度更稳定，避免了现浇结构质量通病的出现。因此，装配式混凝土结构工程的工程质量更易于控制和保证。

4. 信息化技术应用

随着互联网技术的不断发展，数字化管理已成为装配式结构质量管理的一项重要手段。尤其是 BIM 技术的应用，使质量管理过程更加透明、细致、可追溯。

（四）影响装配式混凝土结构工程质量的因素

影响装配式混凝土结构工程质量的因素很多，归纳起来主要有五个方面，即人、材料、机械、方法和环境。

1. 人员素质

人是生产经营活动的主体，也是工程项目建设的决策者、管理者、操作者，工程建设的全过程都是由人来完成的。人的素质将直接决定着工程质量的好坏。装配式混凝土结构工程由于机械化水平高、批量生产、安装精度高等特点，对人员的素质尤其是生产加工和现场施工人员的文化水平、技术水平及组织管理能力都有更高的要求。普通的农民工已不能满足装配式建筑工程的建设需要，因此，培养高素质的产业化工人是确保建筑产业现代化向前发展的必然。

2. 工程材料

工程材料是指构成工程实体的各类建筑材料、构配件、半成品等，是工程建设的物质条件，是工程质量的基础。装配式混凝土结构是由预制混凝土构件或部件通过各种可靠的方式连接，并与现场后浇混凝土形成整体的混凝土结构，因此，与传统的现浇结构相比，预制构件、灌浆料及连接套筒的质量是装配式混凝土结构质量控制的关键。预制构件混凝土强度、钢筋设置、规格尺寸是否符合设计要求、力学性能是否合格、运输保管是否得当、灌浆料和连接套筒的质量是否合格等，都将直接影响工程的使用功能、结构安全、使用安全乃至外表及观感等。

3. 机械设备

装配式混凝土结构采用的机械设备可分为三类：第一类是指工厂内生产预制构件的工艺设备和各类机具，如各类模具、模台、布料机、蒸养室等，简称生产机具设备；第二类是指施工过程中使用的各类机具设备，包括大型垂直与横向运输设备、各类操作工具、各种施工安全设施，简称施工机具设备；第三类是指生产和施工中都会用到的各类测量仪器和计量器具等，简称测量设备。不论是生产机具设备、施工机具设备还是测量设备都对装配式混凝土结构工程的质量有着非常重要的影响。

4. 方法

方法是指施工工艺、操作方法、施工方案等。在混凝土结构构件加工时，为了保证构件的质量或受客观条件制约需要采用特定的加工工艺，不适合的加工工艺可能会造成构件质量的缺陷、生产成本增加或工期拖延等；现场安装过程中，吊装顺序、吊装方法的选择都会直接影响安装的质量。装配式混凝土结构的构件主要通过节点连接，因此，节点连接部位的施工工艺是装配式结构的核心工艺，对结构安全起决定性影响。采用新技术、新工艺、新方法，不断提高工艺技术水平，是保证工程质量稳定提高的重要因素。

5. 环境条件

环境条件是指对工程质量特性起重要作用的环境因素，包括自然环境，如工程地质、水文、气象等；作业环境，如施工作业面大小、防护设施、通风照明和通信条件等；工程管理环境，主要是指工程实施的合同环境与管理关系的确定，组织体制及管理制度等；周边环境，如工程邻近的地下管线、建（构）筑物等。环境条件往往对工程质量产生特定的影响。

（五）装配式混凝土结构工程质量控制依据

质量控制的主体包括建设单位、设计单位、项目管理单位、监理单位、构件生产单位、施工单位，以及其他材料的生产单位等。质量控制方面的依据主要分为以下几类，不同的单位根据自己的管理职责依据不同的管理依据进行质量控制：

1. 工程合同文件

建设单位与设计单位签订的设计合同、与施工单位签订的安装施工合同、与生产厂家签订的构件采购合同都是装配式混凝土结构工程质量控制的重要依据。

2. 工程勘察设计文件

工程勘察包括工程测量、工程地质和水文地质勘察等内容。工程勘察成果文件为工程项目选址、工程设计和施工提供科学可靠的依据。工程设计文件包括经过批准的设计图纸、技术说明、图纸会审、工程设计变更及设计洽商、设计处理意见等。

3. 有关质量管理方面的法律法规、部门规章与规范性文件

（1）法律：《中华人民共和国建筑法》《中华人民共和国防震减灾法》《中华人民共和国能源法》《中华人民共和国消防法》等。

（2）行政法规：《建设工程质量管理条例》《民用建筑节能条例》等。

（3）部门规章：《建筑工程施工许可管理办法》《实施工程建设强制性标准监督规定》《房屋建筑和市政基础设施工程质量监督管理规定》等。

（4）规范性文件：例如山东省住房和城乡建设部《山东省装配式混凝土建筑工程质量监督工作导则》、北京市住房和城乡建设委员会《关于加强装配式混凝土结构产业化住宅工程质量管理的通知》等。

4. 质量标准与技术规范（规程）

根据适用性，标准分为国家标准、行业标准、地方标准和企业标准。国家标准是必须执行与遵守的最低标准，行业标准、地方标准和企业标准的要求不能低于国家标准的要求；企业标准是企业生产与工作的要求与规定，适用于企业的内

部管理。适用于混凝土结构工程的各类标准同样适用于装配式混凝土结构工程，如《混凝土结构设计规范》《混凝土结构工程施工规范》《混凝土结构工程施工质量验收规范》《混凝土质量控制标准》《钢筋机械连接技术规程》等。

随着近几年装配式建筑的兴起，国家及地方针对装配式混凝土结构工程制定了大量的标准，其中，质量控制方面的标准主要有以下三类：

（1）国家标准：《水泥基灌浆材料应用技术规范》。

（2）行业标准：《装配式混凝土结构技术规程》《钢筋套筒灌浆连接应用技术规程》《钢筋连接用灌浆套筒》《钢筋连接用套筒灌浆料》。

（3）地方标准：如山东省的《装配整体式混凝土结构设计规程》《装配整体式混凝土结构工程施工与质量验收规程》《装配整体式混凝土结构工程预制构件制作与验收规程》，上海市的《装配整体式混凝土公共建筑设计规程》《装配整体式混凝土结构施工及质量验收规范》。

二、预制构件的进场验收

（一）验收程序

预制构件运至现场后，施工单位应组织构件生产企业、监理单位对预制构件的质量进行验收，验收内容包括质量证明文件验收和构件外观质量、结构性能检验等。未经进场验收或进场验收不合格的预制构件，严禁使用。施工单位应对构件进行全数验收，监理单位对构件质量进行抽检，发现存在影响结构质量或吊装安全的缺陷时，不得验收通过。

（二）验收内容

1. 质量证明文件

预制构件进场时，施工单位应要求构件生产企业提供构件的产品合格证、说明书、试验报告、隐蔽验收记录等质量证明文件。对质量证明文件的有效性进行检查，并根据质量证明文件核对构件。

2. 观感验收

在质量证明文件齐全、有效的情况下，对构件的外观质量、外形尺寸等进行验收。观感质量可通过观察和简单的测试确定，工程的观感质量应由验收人员通过现场检查并应共同确认，对影响观感及使用功能或质量评价为差的项目应进行返修。观感验收也应符合相应的标准。观感验收主要检查以下内容：

（1）预制构件粗糙面质量和键槽数量是否符合设计要求。

（2）预制构件吊装预留吊环、预留焊接埋件应安装牢固、无松动。

（3）预制构件的外观质量不应有严重缺陷，对已经出现的严重缺陷，应按技术处理方案进行处理，并重新检查验收。

（4）预制构件的预埋件、插筋及预留孔洞等规格、位置和数量应符合设计要求。对存在的影响安装及施工功能的缺陷，应按技术处理方案进行处理，并重新检查验收。

（5）预制构件的尺寸应符合设计要求，且不应有影响结构性能和安装、使用功能的尺寸偏差。对超过尺寸允许偏差且影响结构性能和安装、使用功能的部位，应按技术处理方案进行处理，并重新检查验收。

（6）构件明显部位是否贴有标识构件型号、生产日期和质量验收合格的标志。

3. 结构性能检验

在必要的情况下，应按要求对构件进行结构性能检验，具体要求如下：

（1）梁板类简支受弯预制构件进场时应进行结构性能检验，并应符合下列规定：

①结构性能检验应符合现行国家相关标准的有关规定及设计的要求，检验要求和试验方法应符合《混凝土结构工程施工质量验收规范》的规定。

②钢筋混凝土构件和允许出现裂缝的预应力混凝土构件应进行承载力、挠度和裂缝宽度检验；不允许出现裂缝的预应力混凝土构件应进行承载力、挠度和抗裂检验。

③对大型构件及有可靠应用经验的构件，可只进行裂缝宽度、抗裂和挠度检验。

④对使用数量较少的构件，当能提供可靠依据时，可不进行结构性能检验。

（2）对其他预制构件，如叠合板、叠合梁的梁板类受弯预制构件（叠合底板、底梁），除设计有专门要求外，进场时可不做结构性能检验，但应采取下列措施：

①施工单位或监理单位代表应驻厂监督制作过程。

②当无驻厂监督时，预制构件进场时应对预制构件主要受力钢筋数量、规格、间距及混凝土强度等进行实体检验。

三、预制构件安装施工过程的质量控制

预制构件安装是将预制构件按照设计图纸要求，通过节点之间的可靠连接，并与现场后浇混凝土形成整体混凝土结构的过程，预制构件安装的质量对整体结构的安全和质量起着至关重要的作用。因此，应对装配式混凝土结构施工作业过程实施全面和有效的管理与控制，保证工程质量。

装配式混凝土结构安装施工质量控制主要从施工前的准备、原材料的质量检验与施工试验、施工过程的工序检验、隐蔽工程验收、结构实体检验等多个方面进行。对装配式混凝土结构工程的质量验收有以下要求：

第一，工程质量验收均应在施工单位自检合格的基础上进行。

第二，参加工程施工质量验收的各方人员应具备相应的资格。

第三，检验批的质量应按主控项目和一般项目验收。

第四，对涉及结构安全、节能、环境保护和主要使用功能的试块、构配件及材料，应在进场时或施工中按规定进行见证检验。

第五，隐蔽工程在隐蔽前应由施工单位通知监理单位验收，并应形成验收文件，验收合格后方可继续施工。

第六，工程的观感质量应由验收人员现场检查，并应共同确认。

（一）施工前的准备

装配式混凝土结构施工前，施工单位应准确理解设计图纸的要求，掌握有关技术要求及细部构造，根据工程特点和有关规定，进行结构施工复核及验算，编

制装配式混凝土专项施工方案，并进行施工技术交底。

装配式混凝土结构施工前，应由相关单位完成深化设计，并经原设计单位确认，施工单位应根据深化设计图纸对预制构件施工预留和预埋进行检查。

施工现场应具有健全的质量管理体系、相应的施工技术标准、施工质量检验制度和综合施工质量控制考核制度。

应根据装配式混凝土结构工程的管理和施工技术特点，对管理人员及作业人员进行专项培训，严禁未培训上岗及培训不合格上岗。

应根据装配式混凝土结构工程的施工要求，合理选择并配备吊装设备；应根据预制构件存放、安装和连接等要求，确定安装使用的工器具方案。

设备管线、电线、设备机器及建设材料、板类、楼板材料、砂浆、厨房配件等装修材料的水平和垂直起重，应按经修改编制并批准的施工组织设计文件（专项施工方案）具体要求执行。

（二）施工过程中的工序检验

对于装配式混凝土建筑，施工过程中主要涉及预制构件安装、后浇区模板与支撑、钢筋混凝土等分项工程。其中，模板与支撑、钢筋、混凝土的工序检验可参见现浇结构的检验方法。

1. 对于工厂生产的预制构件，进场时应检查其质量证明文件和表面标识。预制构件的质量、标识应符合设计要求及现行国家相关标准的规定。

2. 预制构件安装就位后，连接钢筋、套筒或浆锚的主要传力部位不应出现影响结构性能和构件安装施工的尺寸偏差。对已经出现的影响结构性能的尺寸偏差，应由施工单位提出技术处理方案，并经监理（建设）单位许可后处理。对经过处理的部位，应重新检查验收。

3. 预制构件安装完成后，外观质量不应有影响结构性能的缺陷。对已经出现的影响结构性能的缺陷，应由施工单位提出技术处理方案，并经监理（建设）单位认可后处理。对经过处理的部位，应重新检查验收。

4. 预制构件与主体结构之间、预制构件与预制构件之间的钢筋接头应符合设计要求。施工前应对接头施工进行工艺检验。

5. 灌浆套筒进场时，应抽取试件检验外观质量和尺寸偏差，并应抽取套筒采用与之匹配的灌浆料制作对中连接接头，并做抗拉强度检验，检验结果应符合现行行业标准《钢筋机械连接技术规程》中Ⅰ级接头对抗拉强度的要求。接头的抗拉强度不应小于连接钢筋抗拉强度标准值，且破坏时应断于接头外钢筋。此外，还应制作不少于 1 组 40 mm×40 mm×160 mm 灌浆料强度试件。

6. 灌浆料进场时，应对其拌和物 30 min 流动度、泌水率，以及 1 d 强度、28 d 强度、3 h 膨胀率进行检验。

7. 施工现场灌浆施工中，灌浆料的 28 d 抗压强度应符合设计要求及规定，用于检验强度的试件应在灌浆地点制作。

8. 后浇连接部分的钢筋品种、级别、规格、数量和间距应符合设计要求。

9. 预制构件外墙板与构件、配件的连接应牢固、可靠。

10. 连接节点的防腐、防锈、防火和防水构造措施应满足设计要求。

11. 承受内力的接头和拼缝，当其混凝土强度未达到设计要求时，不得吊装上一层结构构件。当设计无具体要求时，应在混凝土强度不少于 10 MPa 或具有足够的支撑时，方可吊装上一层结构构件。

12. 已安装完毕的装配式混凝土结构，应在混凝土强度达到设计要求后，方可承受全部荷载。

13. 装配式混凝土结构预制构件连接接缝处防水材料应符合设计要求，并具有合格证、厂家检测报告及进厂复试报告。

（三）隐蔽工程验收

装配式混凝土结构工程应在安装施工及浇筑混凝土前完成下列隐蔽项目的现场验收：

1. 预制构件与预制构件之间、预制构件与主体结构之间的连接应符合设计要求。

2. 预制构件与后浇混凝土结构连接处混凝土粗糙面的质量或键槽的数量、位置。

3. 后浇混凝土中钢筋的牌号、规格、数量、位置。

4. 钢筋连接方式、接头位置、接头数量、接头面积百分率、搭接长度、锚固方式、锚固长度。

5. 结构预埋件、螺栓连接、预留专业管线的数量与位置。构件安装完成后，在对预制混凝土构件拼缝进行封闭处理前，应对接缝处的防水、防火等构造做法进行现场验收。

（四）结构实体检验

根据现行国家标准《建筑工程施工质量验收统一标准》的规定，在混凝土结构子分部工程验收前应进行结构实体检验。对结构实体进行检验，并不是在子分部工程验收前的重新检验，而是在相应分项工程验收合格的基础上，对涉及结构安全的重要部位进行的验证性检验，其目的是强化混凝土结构的施工质量验收，真实地反映结构混凝土强度、受力钢筋位置、结构位置与尺寸等质量指标，确保结构安全。

对于装配式混凝土结构工程，对涉及混凝土结构安全的有代表性的连接部位及进厂的混凝土预制构件应做结构实体检验。

结构实体检验分现浇和预制两部分，包括混凝土强度、钢筋直径、间距、混凝土保护层厚度及结构位置与尺寸偏差。当工程合同有约定时，可根据合同确定其他检验项目和相应的检验方法、检验数量、合格条件。

结构实体检验应由监理工程师组织并见证，混凝土强度、钢筋保护层厚度应由具有相应资质的检测机构完成，结构位置与尺寸偏差可由专业检测机构完成，也可由监理单位组织施工单位完成。为保证结构实体检验的可行性、代表性，施工单位应编制结构实体检验专项方案，并经监理单位审核批准后实施。结构实体混凝土同条件养护试件强度检验的方案应在施工前编制，其他检验方案应在检验前编制。

装配式混凝土结构位置与尺寸偏差检验同现浇混凝土结构，混凝土强度、钢筋保护层厚度检验可按下列规定执行：

第一，连接预制构件的后浇混凝土结构同现浇混凝土结构。

第二，进场时，不进行结构性能检验的预制构件部位同现浇混凝土结构。

第三，进场时，按批次进行结构性能检验的预制构件部分可不进行。

混凝土强度检验宜采用同条件养护试块或钻取芯样的方法，也可采用非破损方法检测。

当混凝土强度及钢筋直径、间距、混凝土保护层厚度不满足设计要求时，应委托具有资质的检测机构按现行国家有关标准的规定做检测鉴定。

四、装配式混凝土结构子分部工程的验收

装配式混凝土建筑项目应按混凝土建筑项目子分部工程进行验收。

（一）验收应具备的条件

装配式混凝土结构子分部工程施工质量验收应符合下列规定：

1. 预制混凝土构件安装及其他有关分项工程施工质量验收合格。

2. 质量控制资料完整、符合要求。

3. 观感质量验收合格。

4. 结构实体验收满足设计或标准要求。

（二）验收程序

混凝土分部工程验收应由总监理工程师组织施工单位项目负责人和项目技术、质量负责人进行验收。

当主体结构验收时，设计单位项目负责人、施工单位技术和质量部门负责人应参加。鉴于装配式混凝土建筑工程刚刚兴起，各地区对验收程序提出更严格的要求，要求建设单位组织设计、施工、监理和预制构件生产企业共同验收并形成验收意见，对规范中未包括的验收内容，应组织专家论证验收。

（三）验收时应提交的资料

装配式混凝土结构工程验收时应提交以下资料：

1. 施工图设计文件。

2. 工程设计单位确认的预制构件深化设计图，设计变更文件。

3. 装配式混凝土结构工程所用各种材料、连接件及预制混凝土构件的产品合格证书、性能测试报告、进场验收记录和复试报告。

4. 装配式混凝土工程专项施工方案。

5. 预制构件安装施工验收记录。

6. 钢筋套筒灌浆或钢筋浆锚搭接连接的施工检验记录。

7. 隐蔽工程检查验收文件。

8. 后浇筑节点的混凝土、灌浆料、坐浆材料强度检测报告。

9. 外墙淋水试验、喷水试验记录，卫生间等有防水要求的房间蓄水试验记录。

10. 分项工程验收记录。

11. 装配式混凝土结构实体检验记录。

12. 工程的重大质量问题的处理方案和验收记录。

13. 其他质量保证资料。

（四）不合格处理

当装配式混凝土结构子分部工程施工质量不符合要求时，应按下列规定进行处理：

1. 经返工、返修或更换构件、部件的检验批，应重新进行验收。

2. 经有资质的检测机构检测鉴定能够达到设计要求的检验批，应予以验收。

3. 经有资质的检测机构检测鉴定达不到设计要求，但经原设计单位核算并认可能够满足结构安全和使用功能的检验批，可予以验收。

4. 经返修或加固处理能够满足结构安全使用功能要求的分项工程，可按技术处理方案和协商文件的要求予以验收。

参考文献

[1] 马剑，江飞飞，王静芳. 掺钢渣再生骨料自密实混凝土技术与工程应用 [M]. 武汉：武汉大学出版社，2018.

[2] 牛学良，王波. 钢管混凝土支架结构力学性能实验与工程应用 [M]. 徐州：中国矿业大学出版社，2018.

[3] 马新伟，张巨松. 混凝土尺寸稳定性 [M]. 哈尔滨：哈尔滨工业大学出版社，2018.

[4] 何若全. 混凝土结构设计 [M]. 重庆：重庆大学出版社，2018.

[5] 王铁成，赵海龙. 混凝土结构原理 [M]. 6 版. 天津：天津大学出版社，2018.

[6] 张淑云. 混凝土结构基本原理 [M]. 北京：北京理工大学出版社，2018.

[7] 侯献语，傅鸣春，查湘义. 钢筋混凝土结构 [M]. 武汉：华中科技大学出版社，2018.

[8] 王海彦，刘训臣. 混凝土结构设计原理 [M]. 成都：西南交通大学出版社，2018.

[9] 古松. 再生混凝土基本性能与工程应用 [M]. 武汉：武汉大学出版社，2019.

[10] 张玉波. 装配式混凝土建筑口袋书工程监理 [M]. 北京：机械工业出版社，2019.

[11] 王博. 大坝混凝土施工质量控制技术研究及工程应用 [M]. 北京：中国水利水电出版社，2019.

[12] 张巨松，许峰，佟钰. 混凝土原材料 [M]. 哈尔滨：哈尔滨工业大学出版社，2019.

[13] 高嵩，张巨松，吴本清. 再生泵送混凝土 [M]. 哈尔滨：哈尔滨工业大学出版社，2019.

[14] 安爱军，周永祥. 天然火山灰质材料与火山灰高性能混凝土 [M]. 北京：

中国铁道出版社，2019.

[15] 杨志勇. 混凝土结构 CFRP 加固技术研究 [M]. 武汉：武汉理工大学出版社，2019.

[16] 沈新福，温秀红. 钢筋混凝土结构 [M]. 北京：北京理工大学出版社，2019.

[17] 李章政，章仕灵. 混凝土结构设计 [M]. 武汉：武汉大学出版社，2019.

[18] 苏晓华，白东丽，刘宇. 钢筋混凝土工程施工 [M]. 北京：北京理工大学出版社，2020.

[19] 刘伟东，孙永亮，龚丽飞. 水利工程与混凝土施工 [M]. 长春：吉林科学技术出版社，2020.

[20] 田春鹏. 装配式混凝土结构工程 [M]. 武汉：华中科技大学出版社，2020.

[21] 陈坤，陈华，邢慧娟. 工程质量控制与技术钢筋混凝土 [M]. 哈尔滨：哈尔滨工程大学出版社，2020.

[22] 钱凯，翁运昊. ANSYS/LS-DYNA 在混凝土结构工程中的应用 [M]. 北京：机械工业出版社，2020.

[23] 王炳洪. 装配式混凝土建筑 [M]. 北京：机械工业出版社，2020.

[24] 吴刚，冯德成，王春林. 新型装配式混凝土结构 [M]. 南京：东南大学出版社，2020.

[25] 孙香红，孔凡. 实用混凝土结构设计 [M]. 西安：西北工业大学出版社，2020.

[26] 李平先，程红强. 水工混凝土结构 [M]. 2 版. 郑州：黄河水利出版社，2020.

[27] 邹玉生，姚宸，邹蕾蕾. 宁波地区城市轨道交通工程混凝土耐久性研究及应用 [M]. 北京：中国建材工业出版社，2021.

[28] 蒋雅君，方勇，王士民. 隧道工程 [M]. 北京：机械工业出版社，2021.

[29] 木林隆，赵程. 基坑工程 [M]. 北京：机械工业出版社，2021.

[30] 袁健松. FRP 工字型材·钢筋混凝土组合梁受弯性能研究与设计理论 [M]. 郑州：黄河水利出版社，2021.

［31］王欣，郑娟，窦如忠. 装配式混凝土结构［M］. 北京：北京理工大学出版社，2021.

［32］李国新. 混凝土工艺学［M］. 北京：中国建材工业出版社，2021.

［33］别金全，赵民佶，高海燕. 建筑工程施工与混凝土应用［M］. 长春：吉林科学技术出版社，2022.

［34］洪洁，过煊之. 混凝土结构工程施工［M］. 武汉：中国地质大学出版社，2022.

［35］吉海军，周康，雷华. 钢筋混凝土工程施工［M］. 北京：机械工业出版社，2023.

［36］潘少红. 混凝土工程施工质量通病及防治［M］. 北京：冶金工业出版社，2023.

［37］曹京京. 混凝土工程［M］. 郑州：黄河水利出版社，2023.